Dehnratenabhängigkeit mechanischer Werkstoffkennwerte von Kalk-Natronsilicatglas

Von der

Fakultät Architektur, Bauingenieurwesen und Umweltwissenschaften

der Technischen Universität Carolo-Wilhelmina

zu Braunschweig

zur Erlangung des Grades eines

Doktoringenieurs (Dr.-Ing.)

genehmigte

Dissertation

von

Christian König

geboren am 6. November 1976

aus Hildesheim

Eingereicht am	3. Januar 2011
Disputation am	30. November 2011
Berichterstatter	Prof. Dr.-Ing. Thomas Ummenhofer
	Prof. Dr-Ing. Udo Peil

2012

Von der Fakultät Architektur, Bauingenieurwesen und Umweltwissenschaften

der Technischen Universität Carolo-Wilhelmina zu Braunschweig

zur Erlangung des Grades

eines Doktoringenieurs (Dr.-Ing.)

genehmigte Dissertation

Eingereicht am	3. Januar 2011
Disputation am	*30. November 2011*
Berichterstatter	Prof. Dr.-Ing. Thomas Ummenhofer
	Prof. Dr-Ing. Udo Peil

Verlag tredition GmbH, Mittelweg 177, 20148 Hamburg

Printed in Germany

ISBN: 978-3-8472-3523-1

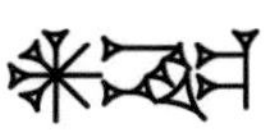	*an-zah*	sumerisch	Glas
	*chesbed-wedhu*	ägyptisch	blauer Glasfluss
ΥΑΛΟΣ	*hyalos*	griechisch	Kristall, Glas
VITRVM	*vitrum*	lateinisch	Kristall, Glas
ᚷᛚᚨᛊᚨ	*glasa*	germanisch	das Glänzende, Bernstein (vgl. latein. glaesum)

Vorwort

Diese Arbeit entstand während meiner Tätigkeit als wissenschaftlicher Mitarbeiter am Institut für Bauwerkserhaltung und Tragwerk der Technischen Universität Carolo-Wilhelmina zu Braunschweig. Danken möchte ich zuerst meinem Doktorvater Herrn Prof. Dr.-Ing. Thomas Ummenhofer, der diese Arbeit angeregt, begleitet und vorangebracht hat.

Danken möchte ich ebenfalls Herrn Prof. Dr.-Ing. Udo Peil, der neben der Leitung des Instituts für Stahlbau seit April 2009 die kommissarische Leitung des Instituts für Bauwerkserhaltung und Tragwerk ausübt und den Fortgang der Arbeiten am Institut sichert. Insbesondere danke ich Herrn Prof. Peil für die Übernahme des Korreferats.

Herrn Prof. Dr.-Ing. Harald Budelmann danke ich für die Bereitschaft zur Übernahme der Aufgaben des Prüfers im Promotionsverfahren und das Interesse an meiner Arbeit.

Herrn Prof. Dr.-Ing. Martin Empelmann danke ich für die freundliche Übernahme des Prüfungsvorsitzes.

Mein besonderer Dank gilt der Salzgitter AG, die durch ihr Engagement im Rahmen einer Stiftungsprofessur die Arbeit am Institut für Bauwerkserhaltung und Tragwerk ermöglicht.

Den vielen Mitarbeitern, die zusammen mit mir am ibt tätig waren, danke ich für das freundliche und angenehme Arbeitsumfeld und die vielen Diskussionen und Anregungen. Darüber hinaus waren zahlreiche studentische Hilfskräfte in Tätigkeiten zu dieser Arbeit eingebunden, denen ich ebenfalls herzlich danken möchte.

Den Mitarbeitern des Labors des Instituts für Stahlbau unter Leitung von Herrn Olaf Einsiedler sowie der Werkstatt unter Leitung von Herrn Stephan Amelung bin ich für die zahlreichen Gespräche und Anregungen zum in dieser Arbeit verwendeten Versuchsaufbau samt Messtechnik sowie die schnelle und unkomplizierte Lösung von Problemen dankbar.

Herrn Georg Thomas vom Institut für Füge- und Schweißtechnik der TU Braunschweig danke ich für die Möglichkeit zur Nutzung der Hochgeschwindigkeitskamera. Meinem Ansprechpartner bei der Firma Rofin-Sinar, Herrn Michael Haase danke ich für sein Engagement zur Durchführung des Glaslaserschnitts mit dem MLBA-Verfahren. Der Firma DELO Industrie Klebstoffe, vertreten durch Herrn Heiko Gellert danke ich für die kostenlose Bereitstellung von Klebstoffen für die Probenfertigung. Von der Firma August Behrens GmbH & Co. KG, Braunschweig wurden freundlicherweise kostenlose Glasprobekörper für die Vorversuche zur Verfügung gestellt.

Nicht zuletzt möchte ich ganz besonders meiner Frau Marion und meinen Söhnen Anton und Emil für die Motivation und Unterstützung während all der Zeit danken. Ihr drei seid das Wichtigste für mich.

Meinen Eltern Editha und Wilfried König in tiefer Dankbarkeit für die Unterstützung über all die Jahre gewidmet: Endlich haben wir auch einen Doktor in der Familie!

Abstract

Strain-Rate Dependency of Material Properties of Soda Lime Silica Glass

In this work investigations of the dependency of the material properties modulus of elasticity and tensile strength on the strain-rate occurring when loading structures made of soda lime silica glass are performed. Therefore, a test setup for conducting uniaxial tension tests on specimens in a high-speed testing machine is designed. Especially for developing the specimens' shape and their coupling to the testing machine the brittle material behavior of glass needs to be considered. Progression of force and strain during the experiments is recorded by means of a measurement setup with high sampling rates.

Using this test setup comprehensive test series on plain float glass as well as on single pane safety glass with different testing velocities and subsequent different strain-rates in the material are conducted. The investigated strain-rate region extends over an area from quasi-static loading with $\dot{\varepsilon} = 10^{-4}\ s^{-1}$ up to impact-testing with strain-rates of $\dot{\varepsilon} = 1\ s^{-1}$. The maximum strain rate is limited by the test setup and corresponding data acquisition which is not able to deliver analyzable data for higher testing velocities.

From the measured progression of force and strain during the tests the mechanical material properties for each specimen are determined. The expectation values and standard deviations for each group of specimens tested with the same strain-rate are calculated by statistical evaluation. For the modulus of elasticity as well as the tensile strength of the investigated soda lime silica glass an increase with higher strain-rates can be observed.

Based on these results material models with rheological and inductive approaches are developed to describe the observed strain-rate dependent stress-strain-behavior of the investigated glass. The free parameters of the models are determined using numerical optimization. The applicability of the different models for describing the real material behavior is evaluated and compared.

Finally, a strain-rate dependent material model is implemented into a commercial finite element method program to represent the high-speed tensile testing of glass specimens and the strain-rate dependent material behavior of the investigated soda lime silica glass within a numerical simulation.

Kurzbeschreibung

Dehnratenabhängigkeit mechanischer Werkstoffkennwerte von Kalk-Natronsilicatglas

In der vorliegenden Arbeit wird die Abhängigkeit der Werkstoffkennwerte Elastizitätsmodul und Zugfestigkeit von der während der Beanspruchung von Bauteilen aus Kalk-Natronsilicatglas auftretenden Dehnrate untersucht. Hierzu wird ein Versuchsaufbau zur Durchführung von einaxialen Zugversuchen an Probekörpern in einer Hochgeschwindigkeits-Prüfmaschine konzipiert, für den insbesondere das spröde Werkstoffverhalten bei der Planung der Probengeometrie und der Probenankopplung an die Prüfmaschine berücksichtigt wird. Mit zeitlich hochauflösender Messtechnik werden Kraft- und Dehnungsverlauf während der Versuche aufgezeichnet.

Mit dem Versuchsaufbau werden umfangreiche Versuchsreihen an Glasprobekörpern aus gewöhnlichem Floatglas und thermisch vorgespanntem Floatglas (ESG) mit unterschiedlichen Prüfgeschwindigkeiten und daraus in der Probe resultierenden Dehnraten durchgeführt. Der Dehnratenbereich erstreckt sich dabei von quasistatischen Beanspruchungen mit $\dot{\varepsilon} = 10^{-4}\ s^{-1}$ bis zu Beanspruchungen im Bereich von Impaktversuchen mit $\dot{\varepsilon} = 1\ s^{-1}$. Die obere Dehnratengrenze ergibt sich hierbei durch den Versuchsaufbau, der bei schnelleren Prüfungen keine zuverlässig auswertbaren Messschriebe mehr liefert.

Aus den aufgezeichneten Kraft- und Dehnungsverläufen werden zunächst für jeden Probekörper die mechanischen Werkstoffkennwerte bestimmt, in einer statistischen Auswertung werden dann die jeweiligen Erwartungswerte und Standardabweichungen für jede untersuchte Dehnrate ermittelt. Sowohl für die Zugfestigkeit als auch für den Elastizitätsmodul des untersuchten Kalk-Natronsilicatglases kann ein eindeutiger Trend zur Zunahme mit ansteigender Dehnrate festgestellt werden.

Auf Grundlage dieser Erkenntnisse werden unter Verwendung rheologischer und induktiver Ansätze Werkstoffmodelle entwickelt, die in der Lage sind, das dehnratenabhängige Spannungs-Dehnungs-Verhalten des untersuchten Glases zu beschreiben. Die freien Parameter der Werkstoffmodelle werden hierzu in einem numerischen Optimierungsprozess bestimmt. Die Eignung der verschiedenen Modellansätze zur Beschreibung des realen Werkstoffverhaltens wird vergleichend bewertet.

Abschließend wird ein dehnratenabhängiges Werkstoffmodell in ein kommerzielles FEM-Programm implementiert, um die Hochgeschwindigkeitszugversuche und das hierbei beobachtete dehnratenabhängige Werkstoffverhalten des untersuchten Kalk-Natronsilicatglases in der numerischen Simulation abbilden zu können.

Inhaltsverzeichnis

Abbildungsverzeichnis

Tabellenverzeichnis

Abkürzungen und Formelzeichen

Abkürzungen

CNC	Computerized Numerical Control (computerisierte numerische Steuerung)
DMS	Dehnungsmessstreifen
DIBt	Deutsches Institut für Bautechnik
DIF	Dynamic Increase Factor (Dynamischer Erhöhungsfaktor)
ESG	Einscheibensicherheitsglas
FEM	Finite Elemente Methode
GASP	Grazing Angle Surface Polarimeter
KPO	Kurzzeichen für polierte (Glas-)kante
MLBA	Multiple Laser Beam Absorption
PVB	Polyvinylbutyral
SEP	Stahl-Eisen-Prüfblatt
SH(P)B	Split-Hopkinson (Pressure) Bar
SPG	Spiegel- oder Floatglas
TRAV	Technische Regeln für die Verwendung von absturzsichernden Verglasungen
TRLV	Technische Regeln für die Verwendung von linienförmig gelagerten Verglasungen
TRPV	Technische Regeln für die Bemessung und die Ausführung punktförmig gelagerter Verglasungen
TVG	Teilvorgespanntes Glas
UHPC	Ultra High Performance Concrete (Ultrahochfester Beton)
UV	Ultraviolett
VarK	Variationskoeffizient
VG	Verbundglas
VHS	Very High Speed (Hochgeschwindigkeits-)
VSG	Verbundsicherheitsglas

Einheiten

m	Meter
mm	Millimeter
µm	Mikrometer
s	Sekunde
ms	Millisekunde
µs	Mikrosekunde
min	Minute
N	Newton
kN	Kilonewton
MS	Megasamples (= 1 Million Abtastungen)

Chemische Formelzeichen

Al_2O_3	Aluminiumoxid
As_2O_5	Arsenpentoxid
BaO	Bariumoxid
B_2O_3	Bortrioxid
CaO	Calciumoxid
Fe_2O_3	Eisentrioxid
GeO_2	Germanium(IV)-Oxid
K_2O	Kaliumoxid
MgO	Magnesiumoxid
Na_2O	Natriumoxid
P_4O_{10}	Phosphor(V)-Oxid
SiO_2	Siliciumdioxid

Symbole lateinisch

A	Klothoidenparameter
C_B	Brewster Materialkonstante
C_i	Parameter der induktiven Werkstoffmodelle
$\mathbf{C}_{ijkl}$	Elastizitätstensor
E	Elastizitätsmodul
f_t	Zugfestigkeit
G	Schubmodul
k	k-Faktor (DMS)
k_{mod}	Modifikationsbeiwert zur Berücksichtigung der Lasteinwirkungsdauer
K	Proportionalitätskonstante GASP
L_c	Länge des Prüfbereichs der Zugprobe
$L_Ü$	Länge des Klothoidenabschnitts
n_i	Parameter der induktiven Werkstoffmodelle
R	Radius
s^2	empirische Varianz
T	Schnittwinkel der Klothoidentangenten
T_g	Transformations-/Glasübergangstemperatur
T_s	Schmelzpunkt
UA	Ausgangsspannung der Wheatstoneschen Brückenschaltung
UB	Speisespannung der Wheatstoneschen Brückenschaltung
v	Geschwindigkeit
v_0	Prüfgeschwindigkeit
V	Verstärkungsfaktor
$\overline{x}$	Mittelwert der Normalverteilung
X	Klothoidenabszisse
Y	Klothoidenordinate

Symbole griechisch

α	Parameter der Weibullverteilung
β	Parameter der Weibullverteilung
γ	Scherung
$\dot{\gamma}$	Scherrate, Ableitung der Scherung nach der Zeit
Γ	Gammafunktion
ε	Dehnung
ε_{quer}	Querdehnung
ε_{u}	Bruchdehnung
$\boldsymbol{\varepsilon}_{kl}$	Dehnungstensor
$\dot{\varepsilon}$	Dehnrate, Ableitung der Dehnung nach der Zeit
$\dot{\varepsilon}_{nom}$	nominelle Dehnrate
$E(p)$	Laplace-Transformierte der Dehnungsfunktion
η	Viskosität
ϑ	Parameter der Weibullverteilung
θ	Winkelversatz GASP
λ	Quotient aus Viskosität η und Elastizitätsmodul E (= η/E)
μ	Erwartungswert
ν	Querkontraktionszahl
σ	Spannung oder Standardabweichung
$\sigma_{c,surf}$	Oberflächendruckspannung
σ^2	Varianz
$\boldsymbol{\sigma}_{ij}$	Spannungstensor
$\Sigma(p)$	Laplace-Transformierte der Spannungsfunktion
τ	Schubspannung oder Zeitpunkt
$\varphi(t)$	Kriechfunktion
$\Phi(p)$	Laplace-Transformierte der Kriechfunktion
$\psi(t)$	Relaxationsfunktion

1 Einleitung

Glasbauteile in Form von Glastafeln mit raumabschließender und absturzsichernder Funktion wie Fassaden, Trennwände und Brüstungen sind in der modernen Architektur weit verbreitet. Diese Bauteile werden üblicherweise orthogonal zur Tafelebene als Platte beansprucht, hierbei treten auch dynamische Beanspruchungen aus Wind- oder Anpralllasten auf. Der Nachweis von Anpralllasten nach den Technischen Regeln für die Verwendung von absturzsichernden Verglasungen (TRAV) muss für den allgemeinen Fall nach wie vor experimentell durch einen Pendelschlagversuch nach DIN EN 12600 erfolgen. Für linienförmig gelagerte rechteckige Einfachverglasungen dürfen die Beanspruchungen mit Hilfe von Spannungstabellen ermittelt und den angegebenen zulässigen Spannungen für Spiegel- oder Floatglas (SPG), teilvorgespanntes Glas (TVG) und Einscheibensicherheitsglas (ESG) gegenübergestellt werden. Diese zulässigen Spannungen werden in den TRAV mit pauschalen Werten für kurzzeitige Beanspruchungen angegeben, die gegenüber den zulässigen Spannungen für quasistatische Beanspruchungen aus den entsprechenden Produktnormen auf das ca. 1,4- (thermisch nicht vorgespanntes Floatglas) bis 1,8-fache (ESG) erhöht sind.

Eine detaillierte Berücksichtigung der Festigkeitszunahme des Glases in Abhängigkeit der Beanspruchungsgeschwindigkeit wird nicht gefordert. Darüber hinaus sind in den verfügbaren Normen und Richtlinien keine Hinweise auf eine Abhängigkeit des Elastizitätsmoduls, der in die Verformungsberechnung von dynamisch beanspruchten Glastafeln eingeht und für den Nachweis der maximalen Durchbiegung benötigt wird, zu finden. Mittlerweile liegen – auch kommerzielle – Berechnungsmodelle, basierend auf der Finite Elemente Methode (FEM), zur Simulation des Pendelschlagversuchs vor, auf deren Grundlage der Nachweis von Anpralllasten durch Berechnung der maximalen Spannungen und Verformungen geführt werden kann. Das dehnratenabhängige mechanische Werkstoffverhalten von Glas ist bisher noch unbekannt.

Die vorliegende Arbeit will daher einen Beitrag zur Bestimmung des Verhaltens von Glasbauteilen unter dynamischen Beanspruchungen leisten und untersucht die Dehnratenabhängigkeit der mechanischen Werkstoffkennwerte von Kalk-Natronsilicatglas. Anhand umfangreicher experimenteller Untersuchungen werden bei verschiedenen Prüfgeschwindigkeiten und den daraus in den Probekörpern resultierenden unterschiedlichen Dehnraten die Werkstoffkennwerte Zugfestigkeit und Elastizitätsmodul aus den aufgezeichneten Kraft- und Dehnungsverläufen ermittelt und statistisch ausgewertet. Auf Grundlage der Ergebnisse wird ein Werkstoffmodell für das untersuchte Glas entwickelt, dass die Dehnratenabhängigkeit der Werkstoffkennwerte abbildet. Mit einer kommerziellen Berechnungssoftware auf Grundlage der FEM werden der Hochgeschwindigkeitszugversuch simuliert und das dehnratenabhängige Verformungsverhalten abgebildet.

Nach einer kurzen Beschreibung der Entwicklungsgeschichte der Glasherstellung und der Zusammensetzung und Eigenschaften des heute verwendeten Kalk-Natronsilicatglases in Kapitel 2 gibt Kapitel 3 eine Übersicht der normativ und in weiteren Richtlinien geregelten mechanischen Werkstoffkennwerte, die derzeit für Nachweise der Tragfähigkeit und Gebrauchstauglichkeit zu verwenden sind. Darüber hinaus wird der derzeitige Stand der Forschung zum dehnratenabhängigen Werkstoffverhalten von Glas dargestellt.

Kapitel 4 stellt eine Auswahl bisher durchgeführter Forschungsvorhaben zu dehnratenabhängigem Werkstoffverhalten verschiedener Werkstoffe zusammen. In der Literatur verfügbare physikalische Erklärungsansätze und vorgestellte Werkstoffmodellierungen werden exemplarisch zusammengetragen.

In Kapitel 5 werden die im Rahmen dieser Arbeit durchgeführten experimentellen Untersuchungen an Glaszugprobekörpern beschrieben. Die behandelten Schwerpunkte sind hierbei die Fertigung der Probekörper und ihr Einbau in das verwendete Prüfsystem unter Berücksichtigung des spröden Werkstoffverhaltens des Glases sowie die messtechnische Datenerfassung. Kapitel 6 beschreibt die Messdatenverarbeitung und Bestimmung von Werkstoffkennwerten aus den aufgezeichneten Messwerten und die statistische Auswertung der bei unterschiedlichen Prüfgeschwindigkeiten durchgeführten Versuchsreihen.

Auf Grundlage des experimentell untersuchten Werkstoffverhaltens bei unterschiedlichen Dehnraten werden in Kapitel 7 verschiedene Ansätze zur dehnratenabhängigen Werkstoffmodellierung des untersuchten Kalk-Natronsilicatglases vorgestellt. Die Implementierung einer Werkstoffmodellierung in ein numerisches Modell zur Simulation des durchgeführten Zugversuchs unter Berücksichtigung der dehnratenabhängigen Veränderung der Werkstoffkennwerte wird in Kapitel 8 beschrieben. Das abschließende Kapitel 9 gibt eine Zusammenfassung der gewonnenen Ergebnisse und nennt mögliche weiterführende Forschungsansätze.

2 Der Werkstoff Glas

Dieses Kapitel gibt eine kurze Übersicht über die Geschichte der Glasherstellung und -nutzung durch den Menschen und beschreibt darauf den Aufbau sowie die wesentlichen Eigenschaften von Glas mit dem Fokus auf das heute im Bauwesen üblicherweise eingesetzte Kalk-Natronsilicatglas. Glas ist ein seit Jahrtausenden von der Menschheit genutzter Werkstoff, der vor etwa 5.000 Jahren erstmals im Vorderen Orient hergestellt wurde.

2.1 Geschichte der Glasherstellung

Schon viele Jahre bevor die Menschheit technologisch in der Lage war Glas herzustellen, stellte in der Natur vorkommendes Glas in Form des Obsidians einen bedeutenden Werkstoff zur Fertigung von Waffen, Werkzeugen und Schmuck dar. Obsidian, der sich in Vulkanen bereits vor 60 Millionen Jahren aus den Bestandteilen Sand, Soda und Kalk gebildet hatte, wurde von den Menschen der Steinzeit bereits vor 15000 bis 20000 Jahren durch Behauen bearbeitet. Durch das gezielte Abschlagen von Splittern konnten scharfe Klingen großer Härte für Pfeilspitzen und Schabewerkzeuge hergestellt werden. Die glatte und glänzende Oberfläche des Obsidians führte auch dazu, dass er zu Schmuckgegenständen verarbeitet wurde (Den1976, Pat1986, Wed2003). Abb. 2.1 zeigt die muschelige Spaltfläche eines Obsidians.

Abb. 2.1: Obsidian als natürlich vorkommendes Glas (Bildnachweis: Reiner Flassig)

Das erste von Menschen hergestellte Glas stammt vermutlich aus Mesopotamien, wobei aber auch eine größere Glasfabrikation im alten Ägypten belegt ist und bisher nicht abschließend geklärt werden konnte, wo der tatsächliche Ursprung der Glasherstellung liegt. Es wird davon ausgegangen, dass Glasuren aus Soda und Quarz, die sowohl auf Keramikgefäße als auch -figuren aufgebrannt wurden, die Vorläufer von Glasgegenständen bildeten (Wed2003). Wahrscheinlich wurden durch Zufall beim Brennprozess dieser

Glasuren Glasperlen erzeugt. Nach dieser Entdeckung begann man, zunächst längliche, flaschenartige Aufbewahrungsgefäße zu fertigen. Später wurden Techniken mit Tonkernen entwickelt, die zur Herstellung bauchiger Aufbewahrungsgefäße mit kleinen Öffnungen verwendet wurden. Eine Analyse dieser Gefäße zeigt, dass die damals hergestellten Gläser bereits im Wesentlichen aus SiO_2 und Na_2O bestehen, wobei damals als Ausgangsstoffe für das sogenannte Soda-Asche-Glas Quarz und die Asche von Salzpflanzen verwendet wurden. Im ersten vorchristlichen Jahrtausend änderte sich die Zusammensetzung der Glasschmelzen und näherte sich damit der heute noch für Kalk-Natronsilicatgläser verwendeten Zusammensetzung an. Analysen der zu dieser Zeit hergestellten Soda-Kalk-Gläser zeigen mittlere Anteile für die Verbindungen SiO_2, Na_2O und CaO in Höhe von 73,4 %, 18,4 % und 8,2 % (Wed2003), sie liegen damit bereits bis auf den leicht erhöhten Natriumoxidgehalt innerhalb der heutigen Norm für Kalk-Natronsilicatglas (vgl. DIN2004a und Tab. 2.1).

Einen wichtigen Entwicklungssprung in der Glasherstellung stellt die Erfindung der Glasmacherpfeife dar, eines metallenen Blasrohres, mit dessen Hilfe aus geschmolzenem Glas dünnwandige Gefäße hergestellt werden konnten. Die Glasmacherpfeife wurde wahrscheinlich in Syrien entwickelt und verhalf dem Glas als Werkstoff unter anderem auch im römischen Reich zu einer weiten Verbreitung (Wed2003, Pat1986). Dieses Werkzeug wird bis heute nahezu unverändert verwendet.

Erste Flachgläser, die als Fensterscheiben verwendet werden konnten, wurden vermutlich im Römischen Reich hergestellt. Überliefert ist eine 70 cm · 100 cm große Glastafel mit einer Dicke von 13 mm (Pat1986). Die Tafel weist auf einer Seite eine Mattierung auf, während auf der anderen Seite Stauchungen und Streichspuren im Randbereich zu erkennen sind. Außerdem nimmt die Scheibendicke erster römischer Flachgläser von der Mitte aus zu den Rändern zu. Aus diesen Erkenntnissen kann auf die Herstellungsweise der Scheibe geschlossen werden. Die glutflüssige Masse wurde mit Schöpfkellen auf eine mit einer Einfassung versehene Steinfläche gegossen und mit langen Messern flachgestrichen und gedehnt, um ein möglichst rechteckiges Maß zu erhalten (Str1990).

Im Mittelalter wurde die bereits genannte Glasmacherpfeife auch zur Fertigung von Glasscheiben eingesetzt. Zunächst wurden längliche Blasen erzeugt, die an beiden Enden durch Aufschmelzen geöffnet wurden. Das so erhaltene Glasrohr wurde dann längs aufgetrennt, aufgeklappt und mit Zangen gestreckt und geglättet (Str1990). Während wegen des hohen Aufwands die auf diese Weise gefertigten kostbaren Glasscheiben überwiegend in Sakralbauten eingesetzt wurden, spielten für Wohnhäuser und andere Profanbauten die sogenannten Butzenscheiben eine wichtige Rolle. Hierbei wurden kleinere, geblasene Glashohlkörper im noch verformbaren Zustand zusammengedrückt, mit Bleifassungen umrandet und zu größeren Scheiben verbunden, wobei die entstehenden Zwickel zwischen den runden Glasscheiben mit passend zugeschnittenen Glasteilen gefüllt wurden (Pat1986).

Bis in die Neuzeit wurde das Verfahren zur Flachglasherstellung grundsätzlich beibehalten. Zunächst wurden Glaszylinder geblasen, die danach aufgetrennt und zu Flachglas ausgereckt wurden (Ron1991). 1903 erlangte das als Lubbers-Verfahren bezeichnete Herstellungsverfahren, bei dem der Hohlkörper maschinell gefertigt und durch Pressluft aufgeblasen wurde, die Produktionsreife. Nach weiteren Versuchen mit gegossenem und mechanisch verstrichenem Flachglas – ähnlich der römischen Technik – entwickelte der belgische Glasfabrikant Émile Fourcault zu Beginn des 20. Jahrhunderts das nach ihm benannte Fourcault-Verfahren. Hierbei wurde durch eine in die glühende Glasmasse leicht eingetauchte, breite Düse das Glas durch einen senkrechten Ziehschacht nach oben gezogen, die Glasdicke konnte durch die Ziehgeschwindigkeit stufenlos variiert werden. Das Verfahren ist schematisch in Abb. 2.2 dargestellt (Spo1988).

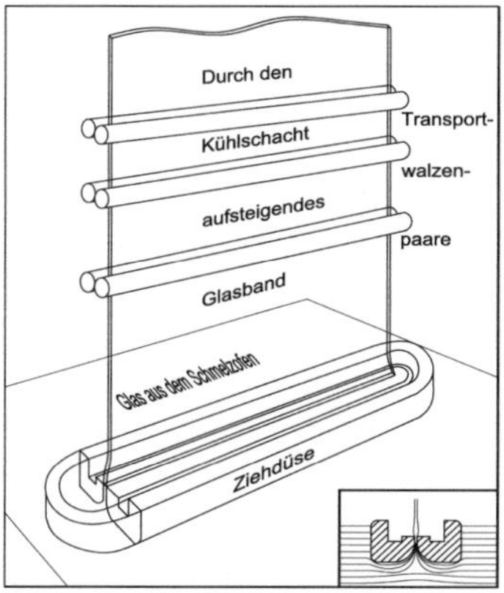

Abb. 2.2: Schematische Darstellung der Flachglasfertigung mit dem Fourcault-Verfahren

Nach verschiedenen Modifikationen und Verbesserungen in der Technik zur Herstellung von Ziehgläsern wurde von der Firma Pilkington im Jahr 1952 erstmals Flachglas im Floatverfahren hergestellt. Flachgläser, die im Bauwesen als Fenster- oder Brüstungsgläser zum Einsatz kommen, werden heutzutage mit diesem Verfahren hergestellt. Beim Floatverfahren wird der Ausgangsstoff im zähflüssigen Zustand in ein Zinnbad gegeben, das Glas schwimmt dann auf der Oberfläche des flüssigen Zinns, dessen spezifisches Gewicht deutlich über dem des Glases liegt. Hierdurch kann eine sehr gleichmäßige Oberflächenqualität hergestellt werden. Nach dem Zinnbad wird das erkaltende Glas auf Rollen gezogen, durch deren Vortriebsgeschwindigkeit die Glasdicke zwischen 2 und 25 mm eingestellt werden kann. Abb. 2.3 zeigt schematisch den Produktionsprozess beim Floatverfahren (Wör2001).

Bedingt durch den Prozessverlauf beim Floatverfahren sind die beiden Oberflächen einer Glasscheibe nicht vollständig identisch. Auf der Zinnbadseite in das Glas eindiffundierende

Zinnatome können sich z. B. bei der Verklebung zu Verbundgläsern (VG) oder Verbundsicherheitsgläsern (VSG) nachteilig auswirken. Außerdem konnte beobachtet werden, dass die Festigkeit der Zinnbadseite geringfügig niedriger als die der Luftseite ist. Dies ist jedoch nicht durch eindiffundierte Zinnatome, sondern durch Mikrobeschädigungen beim Transport des Glases auf den Rollen begründet (Hal2008). Hieraus folgt bereits einen Hinweis darauf, welchen Einfluss Mikroschädigungen auf die Festigkeit von Gläsern haben. In den Abschnitten zur Probenfertigung und zur Auswertung der Versuchsergebnisse wird hierauf weiter eingegangen.

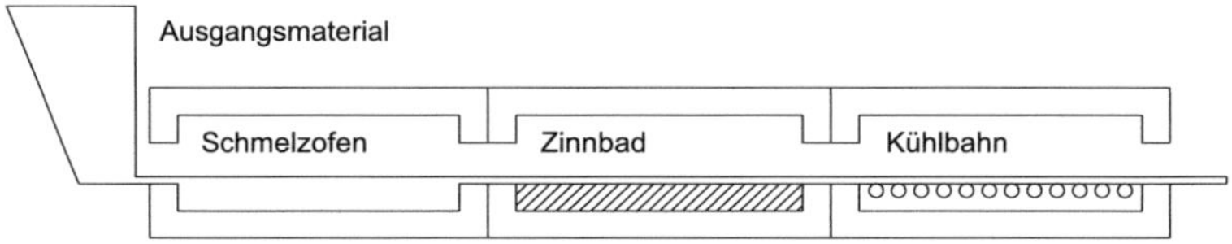

Abb. 2.3: Schematische Darstellung des Floatverfahrens

Heutzutage ist der Einsatz von Glas als konstruktives Baumaterial nicht mehr wegzudenken. Beginnend mit dem Bau von Gewächshäusern im Glas-Eisen-Bau im frühen 19. Jahrhundert wurden erste Erfahrungen mit einer transparenten Architektur gesammelt, die auf massive Tragkonstruktionen verzichten konnte und bei der die gesamte Gebäudehülle lichtdurchlässig ausgeführt werden konnte. Ebenso dominierte Glas die Fassaden der ab der ersten Hälfte des 20. Jahrhunderts entstandenen Hochhäuser mit Außenhüllen, die vollständig aus Spiegelglas ausgeführt wurden (Phi2006). Darüber hinaus wird der Werkstoff Glas, modifiziert durch mehrschichtigen Aufbau mit eingeklebten Verbundfolien oder durch thermische Vorspannung, mittlerweile auch als konstruktiv tragender Baustoff für die Ausbildung von Trägern, Stützen und weiteren Bauteilen verwendet (Nij2003) und hat sich damit von seiner rein raumabschließenden Funktion weiterentwickelt.

Für die dieser Arbeit zugrunde liegenden Überlegungen bildet die absturzsichernde Funktion von raumabschließenden Bauteilen aus Glas das wichtigste Anwendungsgebiet. Hierbei handelt es sich um Bauteile aus Glas, die für den Lastfall Personenanprall dimensioniert und nachgewiesen werden. Dies geschieht bisher auf Grundlage von pauschalen Festigkeitswerten, wobei der Einfluss der Belastungsgeschwindigkeit und somit der im Werkstoff auftretenden Dehnrate auf die Festigkeiten und den Elastizitätsmodul nicht differenziert berücksichtigt wird. Hier soll die vorliegende Arbeit eine Lücke schließen und Informationen zur Dehnratenabhängigkeit der Werkstoffkennwerte des eingesetzten Glases liefern.

2.2 Glaszustand und chemische Zusammensetzung

Da der Sprachgebrauch der Bezeichnung „Glas“ zahlreiche unterschiedliche Bedeutungen zuordnet, wird zunächst im Folgenden eine Definition für Glas gegeben. In den 1960er Jahren einigten sich die American Society for Testing and Materials und die Kommission für Terminologie an der Akademie der Wissenschaften der UdSSR auf die Formulierung „Glas ist ein anorganisches Schmelzprodukt, das abgekühlt ist, ohne zu kristallisieren. Der Übergang aus dem flüssigen in den Glaszustand muß reversibel sein.“ (Den1976).

Die heute in der deutschen Normung verwendete sehr ähnliche Formulierung definiert Glas als „anorganisches nichtmetallisches Material, das durch völliges Aufschmelzen einer Mischung von Rohmaterialien bei hohen Temperaturen erhalten wird, wobei eine homogene Flüssigkeit entsteht, die dann bis zum festen Zustand abgekühlt wird, üblicherweise ohne Kristallisation“ (DIN2001). Des Weiteren werden in den Teilen 1 und 2 dieser Norm zahlreiche Glasarten und -erzeugnisse definiert, wobei sowohl Definitionen nach der Zusammensetzung des Ausgangsstoffs als auch nach dem üblichen Verwendungszweck gegeben werden. In der modernen Glasindustrie kommen mittlerweile über 50 verschiedene chemische Elemente bei der Zusammensetzung tausender verschiedener Glasschmelzen zum Einsatz. Der Begriff des Glases ist damit in erster Linie durch den Zustand einer Substanz bestimmt und weniger durch ihre Zusammensetzung (Pat1986).

Bei den heute technisch relevanten Gläsern sind die Oxidgläser auf Basis der auch als „Glasbildner“ bezeichneten Oxide Siliciumdioxid (SiO_2), Bortrioxid (B_2O_3), Phosphor(V)-Oxid (P_4O_{10}), Germanium(IV)-Oxid (GeO_2) und Arsenpentoxid (As_2O_5) von Bedeutung. Darüber hinaus enthalten die Oxidgläser zusätzliche, als „Glaswandler“ bezeichnete basische Oxide der Alkali- und Erdalkalimetalle, wie z. B. Natriumoxid (Na_2O), Kaliumoxid (K_2O), Calciumoxid (CaO) und Bariumoxid (BaO). Diese bewirken durch das Aufsprengen des Netzwerkes eine Reduzierung der Transformationsstemperatur (s. Abb. 2.4) und erleichtern damit die Verarbeitbarkeit des Glases. Gleichzeitig wird die mechanische und chemische Beständigkeit erhöht.

Das im Bauwesen und auch für die Produktion von Flaschen oder Behältern eingesetzte Fensterglas besteht im Wesentlichen aus etwa 75 Masseprozent SiO_2 und etwa gleichen Anteilen Na_2O und CaO (in den verbleibenden 25 Massenprozent), die auch teilweise durch andere Bestandteile ersetzt werden können, und wird durch Erhitzen aus einem Gemisch aus Quarzsand, Soda und Kalk hergestellt (Bri2008). Das als Kalk-Natronsilicatglas bezeichnete Glas, dessen Zusammensetzung für bautechnische Erzeugnisse in DIN EN 572 geregelt ist, bildet das mit großem Abstand am häufigsten im Bauwesen eingesetzte Glas (DIN2004a). Darüber hinaus sind Erdalkali-Silicatgläser für das Bauwesen in DIN EN 14 178 geregelt (DIN2005). Für einige spezielle Anwendungen, wie z. B. hitzebeständige Gläser im Brandschutz, kommen auch Borosilicatgläser nach DIN EN 1748 zum Einsatz (DIN2004b). In dieser Arbeit wird das für allgemeine Verglasungen im Bauwesen verwendete Kalk-Natronsilicatglas untersucht.

Eine gängige Definition des Glaszustandes als unterkühlte Flüssigkeit ergibt sich aus der physikochemischen Betrachtungsweise. Trägt man den Zusammenhang zwischen Temperatur und Volumen des Glases auf, dargestellt in Abb. 2.4 nach Scholze (Sch1988), dann zeigt sich, dass Glas nicht über einen Schmelzpunkt T_s verfügt, an dem bei kristallinen Stoffen beim Abkühlen üblicherweise durch den Vorgang der Kristallisation ein sprunghafter Volumenrückgang stattfindet. Vielmehr ereignet sich der Volumenrückgang linear mit dem Rückgang der Temperatur bis zur Transformationstemperatur T_g, an der der Übergang zum Festkörper erfolgt und die Kurve etwa parallel zur Kurve des Kristalls weiterverläuft. Ursächlich hierfür ist die steigende Viskosität der Flüssigkeit beim Abkühlen, die im Bereich der Transfomationstemperatur, auch als Glasübergangsbereich bezeichnet, so stark erhöht ist, dass eine Gleichgewichtseinstellung der Flüssigkeit nicht mehr möglich ist. Ab hier liegt das Glas nicht mehr als Schmelze, sondern als Festkörper vor (Sch1988).

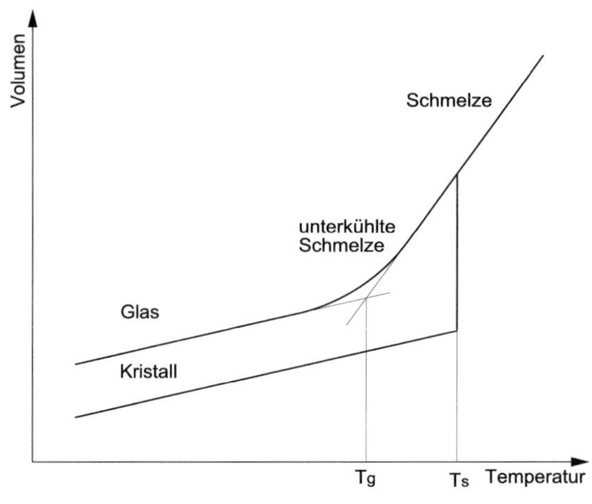

Abb. 2.4: Vergleich der Temperaturabhängigkeit des Volumens von Glas und Kristall

Diese Glasdefinition führte unter anderem dazu, dass sich über lange Jahre die Vermutung hielt, dass die historischen Fenster von Kirchenbauten über die Jahrhunderte nach unten „geflossen“ seien. Diese Behauptung lässt sich jedoch widerlegen, da die Viskosität der eingesetzten Gläser in einer Größenordnung liegt, die für die gemessenen Verformungen bei Raumtemperatur einen Zeitraum von $2 \cdot 10^{23}$ Jahren benötigt hätte, was einem Vielfachen des Alters unseres Universums entspricht. Der Grund, warum bei historischen Fenstergläsern am unteren Rand größere Glasdicken als am oberen Rand festgestellt werden konnten, liegt vielmehr darin, dass die Glasscheiben, bedingt durch den damaligen Herstellungsprozess, unterschiedliche Dicken aufwiesen. Sowohl aus statischen als auch aus optischen Gründen wurden dann alle Glasscheiben mit der gleichen Orientierung (Anordnung der dickeren Seite nach unten) in die Fenster eingebaut (Zan1998, Pas1998, Zan1999).

Eine Beschreibung der Glasstruktur erfolgt bis heute mit der sogenannten Netzwerkhypothese, die auf der Erkenntnis beruht, dass die Energieunterschiede zwischen Glas und Kristall der gleichen Zusammensetzung so gering sind, dass Ihnen dieselben Struktureinheiten zugrunde gelegt werden können. Im Fall des in dieser Arbeit untersuchten silicatischen Glases bilden SiO_4-Tetraeder, wie in Abb. 2.5 gezeigt, diese Struktureinheiten.

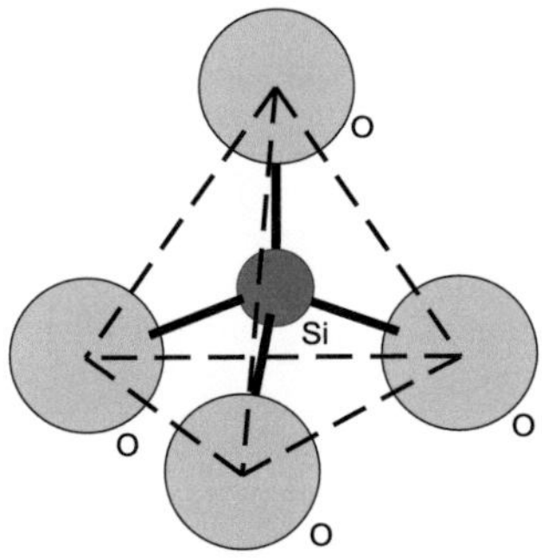

Abb. 2.5: SiO_4-Tetraeder als Struktureinheit von Silicaten

Sie sind im Kristall regelmäßig angeordnet und bilden somit den typischen kristallinen Aufbau (vgl. Abb. 2.6). Im Fall der amorphen Glasstruktur sind die Struktureinheiten unregelmäßig angeordnet und bilden ein ungleichmäßiges Netzwerk, wie in Abb. 2.7 in zweidimensionaler Darstellung für ein reines Quarz- oder auch Kieselglas gezeigt. Mit diesem Modell des Glaszustandes war die Möglichkeit gegeben, zahlreiche Eigenschaften der Gläser zu erklären (Sch1988, Bar2008).

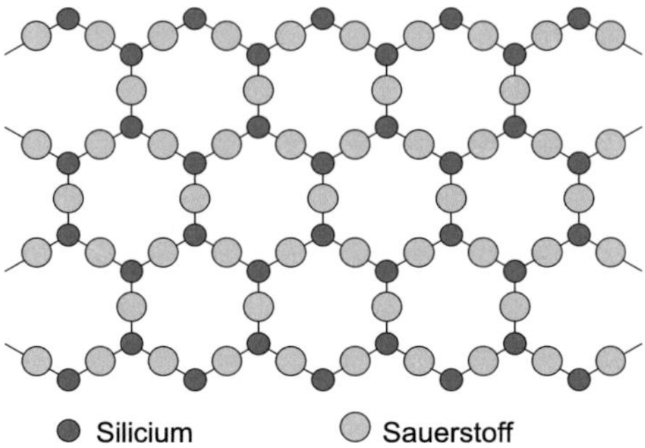

Abb. 2.6: Zweidimensionale Darstellung der Netzwerkstruktur eines Quarzkristalls

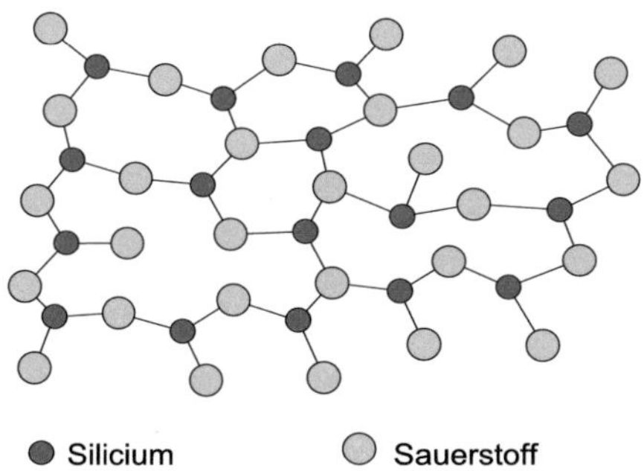

Abb. 2.7: Zweidimensionale Darstellung des unsymmetrischen Netzwerks des Quarzglases

Werden in diese Zusammensetzung zusätzlich Netzwerkwandler eingefügt, dann sprengen diese den geschlossenen Verband auf und es entstehen nebeneinander liegende SiO_4-Ionen, von denen nur noch eines an das anliegende O^{2-}-Ion angebunden ist, so dass die direkte Bindung der SiO_4-Ionen unterbrochen ist.

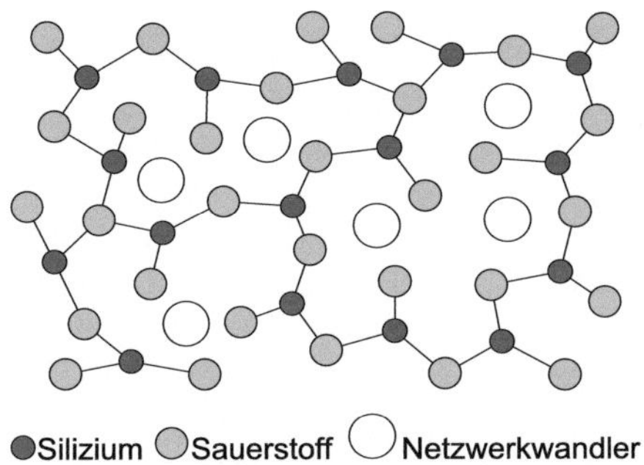

Abb. 2.8: Zweidimensionale Darstellung des technischen Glases mit Netzwerkwandler

Die jeweils nur einfach gebundenen O^{2-}-Ionen werden daher auch als Trennstellensauerstoffe bezeichnet. Da jedes eingefügte Na^{+}-Ion einen Trennstellensauerstoff erzeugt, ist die Glasbildung auf einen maximalen Gehalt von Netzwerkwandlern beschränkt, bei dem gerade noch ausreichend viele SiO_2-Bindungen vorliegen, so dass im räumlichen Netzwerk die SiO_4-Tetraeder noch über mindestens drei der vier Ecken verknüpft sind (Sch1988). Die Zusammensetzung technischen Glases mit Netzwerkwandlern ist in Abb. 2.8 schematisch in zweidimensionaler Ansicht dargestellt (Bar2008).

Die teilweise Aufsprengung des Systems durch Einfügen von Netzwerkwandlern und die daraus resultierende Anordnung von Trennstellensauerstoffen im Glasgefüge wird in der nachfolgenden Gleichung 2.1 dargestellt:

$$\equiv Si - O - Si \equiv + Na - O - Na \longrightarrow \equiv Si - O^{\diagup Na} \quad {}_{Na \diagup} O - Si. \qquad 2.1$$

2.3 Eigenschaften und Zusammensetzung heutiger silicatischer Gläser

Die Eigenschaften heute verwendeter Gläser in Abhängigkeit ihrer Zusammensetzung sind bereits so umfassend erforscht, dass auf der Grundlage einer – innerhalb der üblichen Grenzen – nahezu beliebigen Zusammensetzung auf zahlreiche Eigenschaften geschlossen werden kann (Flü2007). Bereits vor über hundert Jahren wurden von Winkelmann und Schott an verschiedenen Gläsern der Elastizitätsmodul und die Zugfestigkeit bestimmt und Rückschlüsse auf den Zusammenhang zwischen den ermittelten Werten und der chemischen Zusammensetzung der einzelnen Gläser gezogen (Win1894). Hierfür wurde ein Modell verwendet, das die jeweilige zu bestimmende Eigenschaft in Abhängigkeit der Anteile vorhandener Oxide ermittelte, wobei der Zusammenhang zwischen Glaseigenschaft und Oxidanteil als linear vorausgesetzt wurde. Dieser lineare Zusammenhang ist in Formel 2.2 dargestellt:

$$G = \sum g_i \cdot x_i \,. \qquad 2.2$$

Hierbei bezeichnet G die zu bestimmende Eigenschaft des Glases einer gegebenen Zusammensetzung, g_i den Einflussfaktor des jeweiligen Oxids und x_i die anteilige Menge dieses Oxids in der Glaszusammensetzung in Masseprozent. Eine umfassende Beschreibung der Berechnung von Glaseigenschaften auf Grundlage der jeweiligen chemischen Zusammensetzung unter Ansatz differenzierter Modelle liefert Volf (Vol1988).

Die heute zur Verfügung stehenden Verfahren basieren zum Teil nach wie vor auf linearen Funktionen, die in Abhängigkeit der Konzentration bestimmter Bestandteile Werte für die zu definierenden Glaseigenschaften liefern. Auch Verfahren mit polynomischen Ansätzen liegen vor, diese sind jedoch auf schmale Bandbreiten in der Konzentration der untersuchten Bestandteile oder auf wenige gleichzeitig untersuchte Bestandteile reduziert. Weitere Verfahren werden von Priven aufgeführt (Pri2004). Zur Bestimmung zahlreicher Glaseigenschaften auf Grundlage einer umfassenden Datenbank steht das Programm SciGlass Professional 7.0 zur Verfügung. Hierin sind die Ergebnisse von Untersuchungen an über 300 000 Glaszusammensetzungen organischer Gläser (ohne metallische Gläser) hinterlegt, deren Eigenschaften in wissenschaftlichen Veröffentlichungen der letzten Jahre publiziert wurden (ITC2007). Die Bestimmung des Elastizitätsmoduls der in dieser Arbeit verwendeten Glaszusammensetzung liefert, unter Vernachlässigung der Anteile von Magnesiumoxid (MgO) und Eisentrioxid (Fe_2O_3), einen Wert von 68 070 N/mm².

Die Zusammensetzung der in dieser Arbeit untersuchten Glasproben aus Kalk-Natronsilicatglas ist in der nachfolgenden Tab. 2.1 aufgeführt. Angegeben sind die Anteile der einzelnen Verbindungen in Masseprozent, die Abweichung der Summe aller Anteile zu 100 % resultiert aus Rundungsungenauigkeiten.

Tab. 2.1: Zusammensetzung des untersuchten Kalk-Natronsilicatglases

chemische Verbindung	Anteil in Masseprozent
SiO_2	72,7
Na_2O	13,5
CaO	9,0
MgO	4,2
Al_2O_3	0,2
Fe_2O_3	0,1

Die Festigkeit von Glas wird aufgrund des nahezu idealspröden Werkstoffverhaltens maßgeblich von Oberflächendefekten begrenzt. Während die theoretische Festigkeit, die ausgehend von der Bindungsstärke auf molekularer Ebene bestimmt werden kann, etwa 6000 bis 7000 N/mm² beträgt, liegt die praktische bemessungsrelevante Festigkeit deutlich darunter. Darüber hinaus konnte in zahlreichen Versuchen eine Abhängigkeit der Maximalwerte der Festigkeit von der Größe der Versuchskörper nachgewiesen werden. Dies weist zusätzlich darauf hin, dass die Verteilung von (Oberflächen-)Defekten die zu ermittelnden Festigkeiten maßgeblich beeinflusst (Sch1988).

Für die im Bauwesen verwendeten Glasarten, deren Zusammensetzungen jeweils normativ geregelt sind, werden in den Normen und Richtlinien Angaben zu den mechanischen Werkstoffkennwerten gemacht. Hier liegen Angaben zum Elastizitätsmodul, zur Querdehnzahl und zur Bruchfestigkeit vor, wobei die angegebenen Festigkeitswerte üblicherweise bereits Sicherheitsfaktoren beinhalten. Die verfügbare Datenbasis zur Bemessung wird im folgenden Kapitel vorgestellt.

3 Mechanische Kennwerte der Glaswerkstoffe im Bauwesen

Die derzeit im Bereich des Glasbaus vorliegenden Richtlinien und Bemessungsgrundlagen regeln eine große Bandbreite verschiedener Werkstoffkennwerte für die verschiedenen im Bauwesen üblichen Glaswerkstoffe. Diese werden teilweise in Abhängigkeit von der Belastungssituation und -dauer festgelegt. Das folgende Kapitel gibt eine Übersicht der auf Grundlage der aktuellen Regelungen anzuwendenden Werkstoffkennwerte.

3.1 Geregelte Werkstoffkennwerte

3.1.1 In Richtlinien geregelte Werte

Durch das Fehlen einer normativ geregelten Berechnungsanweisung für Glaskonstruktionen bis zum Erscheinen des Norm-Entwurfs der DIN 18 008 im Juli 2009 (DIN2009a) erfolgte die Bemessung von konstruktiven Verglasungen auf Grundlage der vom Deutschen Institut für Bautechnik (DIBt) herausgegebenen Richtlinien „Technische Regeln für die Verwendung von linienförmig gelagerten Verglasungen (TRLV)“ (DIBt2006b), „Technische Regeln für die Verwendung von absturzsichernden Verglasungen (TRAV)“ (DIBt2003) und „Technische Regeln für die Bemessung und die Ausführung punktförmig gelagerter Verglasungen (TRPV)“ (DIBt2006a).

Während in den TRLV die zulässigen Biegezugspannungen SPG, TVG und ESG für den statischen Nachweis vorgegeben werden, berücksichtigen die TRAV Beanspruchungen mit hohen Dehraten, die aus dem Pendelschlagversuch nach DIN EN 12 600 resultieren (DIN2003). Die angegebenen zulässigen Biegezugspannungen für eine Beanspruchung durch Pendelschlag liegen deutlich höher als die zulässigen Werte nach den TRLV. In den Richtlinien wird demnach von einer deutlichen Erhöhung der Biegezugfestigkeit von Glas bei hohen Beanspruchungsgeschwindigkeiten und den daraus resultierenden höheren Dehnraten im Werkstoff ausgegangen. Die zulässigen Festigkeiten sind in Tab. 3.2 aufgeführt. Die TRPV geben keine Werkstoffkennwerte an, es gelten die in den anderen beiden Richtlinien gegebenen Werte.

3.1.2 Normativ geregelte Werte

Die im Bauwesen maßgebende Norm für die Bemessung von Glasbauteilen, die DIN 18 008 „Glas im Bauwesen – Bemessungs- und Konstruktionregeln“ liegt mittlerweile vor. Sie regelt in ihren Teilen 1 „Begriffe und allgemeine Grundlagen“ und 2 „Linienförmig gelagerte Verglasungen“ die Grundlagen für rechnerische Nachweise der im Bauwesen eingesetzten Verglasungen (DIN2009a). DIN 18 008 orientiert sich dabei eng an den im vorigen Abschnitt genannten Richtlinien. In ihr werden Werte für den Elastizitätsmodul und die Festigkeiten der Glasarten Kalk-Natronsilicatglas und Borosilicatglas gegeben. Eine Berücksichtigung der Lasteinwirkungsdauer bei der Ermittlung des Bemessungswertes des Glaswiderstands erfolgt für Basisgläser ohne thermische Vorspannung durch den sogenannten Modifikationsbeiwert k_{mod}, der die Einwirkungsdauern ständig, mittel und kurz unterscheidet (s. Tab. 3.1). Der Bemessungswert des Tragwiderstands wird dann ermittelt zu

$$R_d = \frac{k_{mod} \cdot k_c \cdot f_k}{\gamma_M}, \tag{3.1}$$

wobei k_c einen Beiwert zur Berücksichtigung der Art der Konstruktion darstellt und üblicherweise zu 1,0, bei thermisch nicht vorgespannten Gläsern jedoch zu 1,8 zu setzen ist, f_k die charakteristische Festigkeit des Glases bezeichnet und γ_M den Materialsicherheitsbeiwert darstellt, der für thermisch nicht vorgespannte Gläser zu 1,8 zu setzen ist. Für thermisch vorgespannte Gläser wird der Bemessungswert des Tragwiderstands ermittelt zu

$$R_d = \frac{k_c \cdot f_k}{\gamma_M}, \tag{3.2}$$

hierbei entfällt die Berücksichtigung der Lasteinwirkungsdauer und der Materialsicherheitsbeiwert γ_M ist zu 1,5 zu setzen. Als Beispiel für Einwirkungsdauern, die als kurz eingestuft werden können, werden Wind- und Holmlasten genannt, Anprall- oder Crashbeanspruchungen bleiben demnach unberücksichtigt. Die Einteilung der Lasteinwirkungsdauern nach DIN 18 008 ist in Tab. 3.1 aufgeführt (DIN2009a).

Tab. 3.1: Einteilung der Lasteinwirkungsdauern

Einwirkungsdauer	Beispiele	k_{mod}
ständig	Eigengewicht	0,25
mittel	Schnee, Klimalasten	0,40
kurz	Wind, Holmlast	0,70

Die hiermit ermittelten Festigkeiten werden in Tab. 3.2 aufgeführt. Hierbei ist zu berücksichtigen, dass es sich, abweichend von den restlichen angegebenen Werten, nicht um zulässige Spannungen, sondern um Bemessungswerte der Glasfestigkeiten handelt, die auf Grundlage der in den entsprechenden Produktnormen genannten charakteristischen Festigkeiten mit den Gleichungen 3.1 und 3.2 ermittelt wurden.

Bei den für die charakteristischen Festigkeiten zugrunde gelegten Normen handelt es sich um die Produktnormen DIN 572 für Floatglas, DIN 1863 für TVG DIN 12 150 für ESG aus

Kalk-Natronsilicatglas sowie DIN 1748 für Floatglas DIN 13024 für ESG aus Borosilicatglas (DIN2004a), (DIN2000b), (DIN2000c), (DIN2004b) und (DIN2002). Die Angaben zu Biegezugfestigkeiten und Elastizitätsmoduln dieser Gläser sind in Tab. 3.2 aufgeführt. Auf Besonderheiten bei VSG und VG und anderen, für das Bauwesen nicht relevanten Glasarten wie z. B. Erdalkali-Silicatgläser, wird an dieser Stelle nicht eingegangen.

Tab. 3.2: Übersicht der mechanischen Glaskennwerte

Richtlinie/ Norm		**Kalk-Natronsilicatglas**				**Borosilicatglas**		
		Biegezugfestigkeit in N/mm²			**Elastizitäts-modul**	**Biegezugfestig-keit in N/mm²**		**Elastizitäts-modul**
		SPG	**TVG**	**ESG**	**in N/mm²**	**SPG**	**ESG**	**in N/mm²**
TRLV		18/12*)	-	50	70000	-	-	-
TRAV		80	120	170	-	-	-	-
DIN 18008	**kurz**	31,5	46,7	80	70000	31,5	80	60000
	mittel	18	46,7	80	70000	18	80	60000
	lang	11,25	46,7	80	70000	11,25	80	60000
DIN EN 572		45	-	-	70000	-	-	-
DIN EN 1863		-	70	-	**)	-	-	-
DIN EN 12150		-	-	120	**)	-	-	-
DIN EN 1748		-	-	-	-	45	-	60000 bis 70000
DIN EN 13024		-	-	-	-	-	120	**)

*) Vertikalverglasungen/Überkopfverglasungen

**) Verweis auf Basiserzeugnis SPG/Float

3.2 Stand des Wissens zu dehnratenabhängigem Werkstoffverhalten von Glas

Die in den TRAV angegebenen Kurzzeitfestigkeiten für Glas, die als bauaufsichtlich veröffentlichte Bemessungsgrundlage stoßbeanspruchter Glasbauteile dienen, basieren auf theoretischen Überlegungen, die Verfahren der Bruchmechanik nutzen (Wör2000), (Sch2001). Untersuchungen zum dehnratenabhängigen Werkstoffverhalten von Glas liegen in sehr begrenztem Umfang vor. Im Folgenden werden die verfügbaren Untersuchungen sowohl zu hohen Beanspruchungsgeschwindigkeiten als auch zum Langzeitverhalten und den damit einhergehenden Phänomenen Kriechen und Relaxation vorgestellt.

Einen frühen Versuch zur Bestimmung der Werkstoffkennwerte von Gläsern bei unterschiedlichen Beanspruchungsgeschwindigkeiten stellen Versuche an Glasstäben mit kreisförmigem Querschnitt aus dem Jahr 1934 dar. Die Steigerung der Belastung um jeweils ein Kilogramm wurde mit Zeitschritten zwischen 0,95 s und 16,5 min variiert. Der Autor kommt nach Auswertung seiner Messergebnisse zu dem Schluss, dass eine eindeutige Steigerung der „Zerreißfestigkeit“ mit der Zunahme der Belastungsgeschwindigkeit nachgewiesen werden kann, die tabellarisch aufgeführten Festigkeiten zeigen eine Steigerung innerhalb der genannten Belastungsgeschwindigkeiten von über 70 % (Ape1934).

Eine aktuelle Untersuchung misst die Biegezugfestigkeiten im Doppelring-Biegeversuch bei unterschiedlichen Spannungssteigerungsraten zwischen 0,21 und 39,4 N/(mm²·s). Obwohl eine deutliche Zugfestigkeitssteigerung innerhalb der genannten Grenzen in einer Größenordnung von ca. 50 % festgestellt wird, sind die Versuche nicht darauf ausgelegt, statistisch abgesicherte dehnratenabhängige Werkstoffkennwerte zu bestimmen, sondern dienen vielmehr der Erforschung des generellen Bruchverhaltens von Glas. Darüber hinaus können mit dem gewählten Versuchsaufbau keine hohen Spannungs- oder daraus resultierende hohe Dehnraten realisiert werden, die einer Anprallbeanspruchung gerecht würden (Hal2006).

Eine umfassende Untersuchung des inelastischen Werkstoffverhaltens von Gläsern im Rahmen von Kriechversuchen wird von Schneider beschrieben. Für Kalk-Natron- und Boro-Silicatgläser kann ein verzögert elastisches, von der Höhe der Beanspruchung abhängiges Verformungsverhalten nachgewiesen werden, während bei reinem Quarzglas ausschließlich linear-elastische Verformungen festgestellt werden. Die festgestellten Kriechkurven für die technischen, mit Netzwerkwandlern modifizierten Gläser können dabei sehr gut mit einem rheologischen Werkstoffmodell abgebildet werden (Sch2005).

Eine weitere Untersuchung zur Abhängigkeit der Festigkeit von der Beanspruchungsdauer auf Grundlage von bruchmechanischen Ansätzen zur Rissfortschrittsgeschwindigkeit beschreiben Kerkhof et al. Hierin werden Belastungsversuche an Glasproben mit unterschiedlichen Lastniveaus und -verläufen dargestellt und die Festigkeiten bruchmechanisch, ausgehend von einem Anfangsriss, beschrieben. Eine Untersuchung mit Beanspruchungsgeschwindigkeiten, wie sie beispielsweise bei Anpralllasten auftreten, erfolgt nicht (Ker1981).

Versuche zur Festigkeit von Gläsern in Abhängigkeit der Wiederholung und zeitlichen Abständen der Belastung beschreibt Fink. Hierin werden ebenfalls Rissfortschrittsmechanismen sowie Rissheilungseffekte als Ursache dafür identifiziert, dass Abweichungen in den Lebensdauern auftreten können. Auch in dieser Untersuchung wird keine Abhängigkeit der Festigkeit von hohen Dehnraten angegeben (Fin2000).

Weitere aktuelle systematische Untersuchungen zur Dehnratenabhängigkeit der Festigkeit von Gläsern liegen nicht vor. Es existieren lediglich zahlreiche Veröffentlichungen zur Untersuchung von mit Explosionslasten beaufschlagten Verglasungen, in denen jedoch keine Hinweise auf ein dehnratenabhängiges Werkstoffverhalten des Glases gegeben oder konkrete Angaben zu dehnratenabhängigen mechanischen Werkstoffkennwerten von Glas gemacht werden.

Die Motivation für die in dieser Arbeit durchgeführten Untersuchungen, insbesondere zur Untersuchung der Dehnratenabhängigkeit des Elastizitätsmoduls von Kalk-Natronsilicatglas, bilden die Erkenntnisse von Brendler. Hierin zeigt der Vergleich von Pendelschlagversuchen auf Verglasungen und numerischen Simulationen dieser Versuche, dass eine Übereinstimmung der Verformungen aus Versuch und Berechnung nur erzielt werden kann, wenn für die Verglasung ein auf 100 000 N/mm² erhöhter „dynamischer E-Modul" in den Berechnungen angesetzt wird (Bre2007). Dies ist der einzige vorliegende Hinweis auf eine mögliche dehnratenabhängige Steigerung des Elastizitätsmoduls.

Eine weitere Untersuchung des dynamischen Elastizitätsmoduls in Anlehnung an eine amerikanische Norm auf Grundlage der gemessenen Eigenfrequenz einer Glasprobe bei Impulsanregung und Berücksichtigung der mechanischen Zusammenhänge wird von Schneider beschrieben. Die Ergebnisse sind jedoch nicht aussagekräftig und der Autor kann nicht ausschließen, dass die gemessenen Werte für den Elastizitätsmodul „auf einen systematischen Fehler bei der Versuchsdurchführung hinweisen" (Sch2005). Weitere Untersuchungen existieren bislang nicht.

4 Dehnratenabhängiges Werkstoffverhalten

Zahlreiche experimentelle Untersuchungen zum dehnratenabhängigen Verhalten verschiedener Werkstofffe werden in der Literatur beschrieben. Ergänzend zum vorhergehenden Abschnitt, der Untersuchungen an Glas beschreibt, werden in diesem Kapitel exemplarisch Untersuchungen an metallischen Werkstoffen, Beton und Kunststoffen aufgeführt. Sie belegen die Abhängigkeit der Festigkeitskennwerte unterschiedlicher Werkstoffe von der Geschwindigkeit der Beanspruchung und der daraus im Werkstoff resultierenden Dehnrate. Die wenigen verfügbaren physikalischen Erklärungsansätze zu den Ursachen eines dehnratenabhängigen Werkstoffverhaltens werden genannt. Im letzten Abschnitt folgt eine Auflistung der gängigen induktiven Werkstoffmodellierungen zur Beschreibung des im Rahmen von Experimenten festgestellten und gemessenen dehnratenabhängigen Werkstoffverhaltens.

4.1 Dehnratenabhängiges Werkstoffverhalten verschiedener Baustoffe

4.1.1 Metallische Werkstoffe

Für metallische Werkstoffe und insbesondere für verschiedene Stahlwerkstoffe liegt die größte Anzahl an Veröffentlichungen zu dehnratenabhängigem Werkstoffverhalten vor. Im Folgenden wird eine exemplarische Auswahl daraus vorgestellt.

Eine erste systematische Darstellung und Analyse der Dehnratenabhängigkeit mechanischer Werkstoffkennwerte bei Stahlwerkstoffen wird von Ludwik gegeben. Hier werden als Folge einer höheren Deformationsgeschwindigkeit eine höhere innere Reibung, eine höhere Brüchigkeit (Verlust an Duktilität) sowie ein erhöhtes Nachfließen des Werkstoffs bei anschließend konstant gehaltener Belastung aufgezählt. Es wird ein proportionaler Zusammenhang zwischen der „spezifischen Schiebungsgeschwindigkeit“, die die „relative Verschiebung zweier im Abstande 1 befindlicher Gleitflächen in der Zeiteinheit“ bezeichnet und der Dehnungsgeschwindigkeit ausgemacht. Die Ergebnisse werden in Form einer logarithmischen „Geschwindigkeitskurve“ formuliert, die den Zusammenhang zwischen innerer Reibung und Schiebungsgeschwindigkeit beschreibt (Lud1909).

Von Belche wird die Abhängigkeit der Streckgrenze und Zugfestigkeit verschiedener Stähle von der Temperatur und der Dehnrate im Zugversuch bestimmt. Die untersuchten Dehnraten liegen hierbei zwischen 10^{-5} und 10^{-2} s^{-1}. Die festgestellten Erhöhungen beider Werkstoffkennwerte liegen für die vergüteten Stähle in einer Größenordnung um 15 %, während für die unlegierten Baustähle und hier im Speziellen für einen St 37 Erhöhungen der oberen Streckgrenze auf die für einen St 52 typischen Werte beobachtet werden konnten (Bel1983).

Eine Anfang der 1990er Jahre durchgeführte Untersuchung ermittelt die Bruchzähigkeit einer Titanlegierung (Ti-6Al-4V) bei quasistatischer und dynamischer Beanspruchung, wobei die jeweiligen Dehnraten $10^{-3}\,s^{-1}$ und $10^{3}\,s^{-1}$ betragen. Die Untersuchungen mit Druckbeanspruchungen an kleinen zylindrischen Proben, die für die dynamische Beanspruchung an einem Split-Hopkinson Pressure Bar (SHPB) durchgeführt wurden, zeigen eine Zunahme der Bruchzähigkeit von 65 % bei dynamischer Beanspruchung gegenüber statischen Beanspruchungen (Rou1991).

Entsprechende Zugversuche mit den gleichen Dehnraten an einer anderen Titanlegierung (Ti-15V-3Cr-3Al-3Sn) werden von Kobayashi et al. beschrieben. Es werden dynamische Spannungs-Dehnungs-Diagramme erstellt, die im Vergleich zur quasistatischen Beanspruchung eine ca. 10-prozentige Steigerung der Zugfestigkeit aufweisen. Darüber hinaus kann gezeigt werden, dass die aufgenommene Energie und die Bruchdehnungen bei größerer Dehnrate ebenfalls zunehmen (Kob1991). Diese Ergebnisse stehen allerdings im Widerspruch zur in anderen Versuchen gewonnenen Erkenntnis, dass die Bruchdehnung eines Werkstoffs üblicherweise mit höheren Dehnraten abnimmt.

In einer Untersuchungsreihe aus dem Jahr 1995 werden Schlagzug- und Schlagdruckversuche an verschiedenen metallischen Werkstoffen (ARMCO-Eisen, Vergütungsstahl 42CrV6, Tantal, Magnesium, Kupfer, Nickel, Nickelaluminium NiAl 75:25 und austenitischer Stahl X2CrNiMo 18-10) beschrieben. Für alle Werkstoffe kann der steigernde Einfluss der Dehnrate auf die Lüdersdehnung experimentell nachgewiesen, für ARMCO-Eisen, Stahl und Kupfer kann zudem eine dehnratenabhängige Änderung der Bruchdehnung nachgewiesen werden (Wei1995).

Von Böttcher wird der Geschwindigkeitseinfluss der Lastaufbringung auf Zugproben aus S235 und S355 untersucht. Die dabei realisierten Dehnraten in der Stahlprobe liegen zwischen 10^{-6} und $10^{-2}\,s^{-1}$, wobei der Schwerpunkt auf Untersuchungen mit zyklischen Relaxationsphasen liegt. Aber auch für die in der Arbeit durchgeführten monotonen Zugversuche wird ein deutlicher Einfluss auf die Streckgrenze und die Festigkeit in der Größenordnung zwischen 10 und 15 % sowie auf die Länge des Fließplateaus nachgewiesen (Böt2002).

Bäumer et al. stellen Untersuchungen der Streckgrenze und Zugfestigkeit von vergüteten und hochlegierten Stählen bei quasistatischer Beanspruchung und Beanspruchungen mit einer Dehnrate von $200\,s^{-1}$ in einem servohydraulischen Prüfsystem vor. Während die beobachteten Steigerungen der Werte für die Zugfestigkeit bei hoher Dehnrate zwischen 15 und 30 % gegenüber der quasistatischen Beanspruchung liegen, betragen sie für die Streckgrenze zwischen 25 und 100 %. Hieraus wird neben der Dehnratenabhängigkeit der Werkstoffkennwerte gefolgert, dass die Verfestigung der untersuchten Stahlsorten mit zunehmender Verformungsgeschwindigkeit abnimmt (Bäu2005).

Zugprüfungen an Dualphasenstählen mit einer deutlich größeren Bandbreite der eingestellten Dehnraten von 10^{-4} bis 10^{3} s^{-1} werden von Peixinho et al. beschrieben. Hierbei werden Versuche mit servohydraulischen Prüfmaschinen und dem SHPB durchgeführt. Auch bei den im Rahmen dieser Untersuchungen durchgeführten Experimenten, auf deren Grundlage die Parameter für konstitutive dehnratenabhängige Werkstoffmodellierungen bestimmt werden, kann eine deutliche Steigerung der Streckgrenze im genannten Dehnratenbereich um bis zu 130 % und der Zugfestigkeit um bis zu 50 % nachgewiesen werden (Pei2002).

Eine Untersuchung an drei verschiedenen Gusseisenwerkstoffen mit Kugelgraphit beschreiben Baer und Häcker. Die Versuche erfolgen mit Dehnraten zwischen 10^{-4} und 100 s^{-1} bei Raumtemperatur sowie bei -40 °C. Für beide Prüftemperaturen kann eine Zunahme der Festigkeitswerte aller untersuchten Werkstoffe in einer Größenordnung von etwa 20 % bei gleichzeitiger Abnahme der Bruchdehnungen festgestellt werden, die für die Versuche bei niedrigen Temperaturen noch deutlicher ausfällt als bei Raumtemperatur (Bae2005).

Der festigkeitssteigernde Einfluss einer Dehnratenerhöhung bei verschiedenen Leichtmetallen (Aluminium-, Magnesium- und Titanlegierungen) wird von Abouridouane beschrieben. Hierzu werden Versuche mit hohen Dehnraten in verschiedenen Versuchseinrichtungen (SHPB und servohydraulische Prüfmaschinen) und unterschiedlichen Prüftemperaturen zwischen Raumtemperatur und halber Schmelztemperatur der Werkstoffe durchgeführt. Auch von Abouridouane kann ein kontinuierlicher Anstieg der Werkstofffestigkeiten mit zunehmender Dehnrate nachgewiesen werden (Abo2005).

Die Beschreibung dehnratenabhängigen Werkstoffverhaltens speziell von Karosseriestählen hat mit der numerischen Analyse von Crash-Vorgängen an Bedeutung gewonnen. Um das Verhalten komplexer Strukturen bei der Crash-Simulationen nachbilden zu können, werden dehnratenabhängige Werkstoffkennwerte benötigt. Wegen des hohen Prüfaufwands, der für jeden einzelnen Werkstoff betrieben werden müsste, besteht hierbei das Bestreben, das Verhalten in Abhängigkeit verschiedener Werkstoffgruppen einheitlich zu charakterisieren und so für Werkstoffgruppen mit ähnlichen Zusammensetzungen teilweise auf experimentelle Untersuchungen verzichten zu können (Die2005).

Trotz des erhöhten Aufwands ist bei den den Automobilbau beliefernden Stahlherstellern das Bestreben zu beobachten, für Ihre Erzeugnisse dehnratenabhängige Werkstoffkennwerte zur Verfügung zu stellen. Zu diesem Zweck werden systematische Untersuchungen durchgeführt, um geeignete Versuchsaufbauten und Messeinrichtungen zu identifizieren (z. B. Bor2009) und Richtlinien zur Durchführung von Hochgeschwindigkeitsversuchen sowie der Auswertung der Versuchsergebnisse veröffentlicht (ESIS2000, Stahl2007, VWAG2004).

4.1.2 Beton

Während bei den metallischen Werkstoffen und insbesondere bei den für den Automobilbau relevanten Werkstoffen eine dehnratenabhängige Beschreibung des Werkstoffverhaltens für die numerische Crash-Simulation interessant ist, liegt die Motivation beim Werkstoff Beton hauptsächlich bei wehrtechnischen und terrorismusabwendenden Applikationen. Die experimentellen Untersuchungen des dehnratenabhängigen Werkstoffverhaltens von Beton werden somit im Wesentlichen für die Lastfälle Explosion und einschlagendes Projektil durchgeführt.

Eine umfassende Übersicht zu veröffentlichten dehnratenabhängigen Werkstoffkennwerten von Beton gibt Riedel. Ergänzend werden Versuche zu Projektil-Aufschlägen auf Stahlbetonbauteile beschrieben, die über eine Simulation mit Hydrocodes (numerische Modelle basierend auf kontinuumsmechanischen Ansätzen zur Beschreibung von Kollisionsereignissen) und die darin implementierte Berücksichtigung des dehnratenabhängigen Werkstoffverhaltens abgebildet werden (Rie2000).

Untersuchungen an Mörtel und Beton mit Dehnraten zwischen 10^{-3} und 10^{4} s^{-1}, die in einem Plate-Impact-Versuch mit Auftreffgeschwindigkeiten von bis zu 330 m/s realisiert werden, beschreiben Grote et al. Hierbei werden Steigerungen der Festigkeiten der beiden untersuchten Werkstoffe von der quasistatisch ermittelten Bruchfestigkeit von 30 und 46 N/mm² auf Fließspannungen von mehr als 1 kN/mm² festgestellt (Gro2001).

Schuler entwickelt ein Schädigungsmodell für Stahlbeton, mit dem stoßartige Einwirkungen simuliert werden können und das in der Lage ist, die aus sehr hohen Druckspannungen resultierende Kompressionsschädigung verbunden mit einer Rissbildung zu berücksichtigen. Die Werkstoffkennwerte werden in Spallationsversuchen mit einer SHPB-Anlage bei Dehnraten von im Mittel 33, 67,8 und 79,5 s^{-1} bestimmt. Durch Rückrechnung des dynamischen Verhaltens werden der Elastizitätsmodul und die Zugfestigkeit bestimmt. Während bei den Werten für den Elastizitätsmodul kein Trend zu einer Dehnratenabhängigkeit erkennbar ist, wird bei den Werten für die Zugfestigkeit eine Zunahme um 40 % von der geringsten zur höchsten untersuchten Dehnrate festgestellt (Sch2004). Bludau stellt in seinen weiterführenden Untersuchungen mit einem hochfesten Faserbeton bei gleichem Versuchsaufbau und einer Dehnrate von 170 s^{-1} sogar eine Steigerung der Zugfestigkeitswerte gegenüber quasistatischen Versuchen um den Faktor 10 fest (Blu2005).

Ortlepp beschreibt Versuche an taillierten Zugprobekörpern aus Beton verschiedener Druckfestigkeiten bis in den hochfesten Bereich und ermittelt Zugfestigkeiten bei verschiedenen Dehnraten. Speziell für normalfeste Betone werden Erhöhungen der Zugfestigkeiten um bis zu Faktor 10 für Dehnraten von 10 s^{-1} gegenüber quasistatischen Versuchen dokumentiert (Ort2006).

Überlegungen zur Dehnratenabhängigkeit der Werkstoffkennwerte von Beton bei der Simulation von Explosions-Lastfällen werden von Schuler dargestellt. Hier wird auf vorliegende experimentelle Untersuchungen zu Festigkeiten von Beton bei hohen Dehnraten verwiesen und eine Berücksichtigung des Dehnrateneffekts bei der Simulation von Betonbauteilen unter Explosionseinwirkung gefordert (Sch2006b).

Eine weitere Untersuchung von ultrahochfesten Betonen (UHPC) wird von Nöldgen et al. vorgestellt. Basierend auf den Erkenntnissen für normalfeste Betone wird das Verhalten von UHPC, der auf Grund der zugegebenen Faserbewehrung ein deutlich duktileres Verhalten als normalfester Beton aufweist, bei Dehnraten bis 10^2 s^{-1} am SHPB getestet. Die Erhöhung der Festigkeiten wird über den sogenannten Dynamic Increase Factor (DIF) angegeben, der das Verhältnis von dynamischer gegenüber quasistatischer Festigkeit darstellt. Dieser liegt für die durchgeführten Versuche zwischen 4,5 und 5,8. Der Elastizitätsmodul der untersuchten UHPC wird sowohl im statischen als auch im dynamischen Versuch bestimmt, eine Dehnratenabhängigkeit des Elastizitätsmoduls kann allerdings nicht festgestellt werden (Nöl2009).

4.1.3 Kunststoffe

Die letzte hier betrachtete Werkstoffgruppe stellen die Kunststoffe dar. In einer Versuchsreihe mit verschiedenen Polypropylen- und Polyolefin-Kunststoffen werden von Keuerleber in Hochgeschwindigkeitszugversuchen bei unterschiedlichen Temperaturen systematisch die dehnraten- und temperaturabhängigen Elastizitätsmoduln bestimmt. In einem Dehnratenbereich zwischen 10^{-2} und 10 s^{-1} kann hierbei, unabhängig von den unterschiedlichen Temperaturbereichen, eine Steigerung des Elastizitätsmoduls um bis zu 50 % festgestellt werden (Keu2006).

Von Glaser et al. wird für den Dehnratenbereich von 10^{-1} bis 10^2 s^{-1} ein unverstärktes Polyamid im Zugversuch getestet. Der Autor des Artikels stellt eine Steigerung der Festigkeiten im höheren untersuchten Dehnratenbereich gegenüber dem niedrigeren untersuchten Dehnratenbereich von ca. 30 % für diesen Werkstoff fest (Gla2006).

Das dehnratenabhängige Verhalten von Acryl wird von Naik und Yernamma untersucht. In einem SHPB-Versuch werden Acrylprobekörper mit Dehnraten im Bereich von 200 bis 330 s^{-1} belastet und die Ergebnisse den Ergebnissen aus quasistatischen Versuchen gegenüber gestellt. Im genannten Dehnratenbereich wird eine Zunahme der Zugfestigkeit gegenüber der quasistatischen Prüfung von über 70 %, eine Zunahme des Elastizitätsmoduls um etwa 14 % sowie eine Abnahme der Bruchdehnung auf etwa die Hälfte festgestellt (Nai2008).

Mit einem modifizierten SHPB-Versuchsaufbau werden von Fu et al. Polycarbonat-Probekörper mit Dehnraten bis 1750 s^{-1} beansprucht. Die festgestellten Festigkeitssteigerungen liegen in einer Größenordnung von 75 % (Fu2009). Untersuchungen an Probekörpern aus

Polyoxymethylen mit einer Hochgeschwindigkeitsprüfmaschine werden von Raisch und Möginger beschrieben. Die Auswertung der Messdaten zeigt, dass für den Elastizitätsmodul eine Steigerung von 46 % und für die Streckgrenze eine Steigerung von 31 % festgestellt werden kann, wenn die Dehnrate von 10^{-3} auf 100 s^{-1} erhöht wird (Rai2010).

Dehnratenabhängiges Verhalten von Verbundwerkstoffen in Form von Glasfaser-Epoxidharz- sowie Glasfaser-Polypropylen und -Polybuten-Verbunden beschreiben Hufenbach et al. sowie Schoßig et al. Auch für die glasfaserverstärkten Verbundwerkstoffe können deutliche Zunahmen der Zugfestigkeiten in einer Größenordnung von 20 und 60 % innerhalb der Dehnratenbereiche von 10^{-2} bis 10 s^{-1} bzw. 10^{-4} bis 10 s^{-1} nachgewiesen werden (Huf2005), (Sch2006a).

Zusammenfassend kann festgestellt werden, dass eine Dehnratenabhängigkeit der Festigkeitskennwerte aller untersuchten Werkstoffe experimentell nachgewiesen werden konnte. Die Dehnratenabhängigkeit des Elastizitätsmoduls, die in dieser Arbeit für Kalk-Natronsilicatglas aufgezeigt werden soll, ist bisher nur für Polymerwerkstoffe belegt.

4.2 Erklärungsansätze für dehnratenabhängiges Werkstoffverhalten

Nach Roudier ist eine Erhöhung der Bruchzähigkeit bei Titanlegierungen auf eine erhöhte Fließgrenze und die Steigerung der Duktilität im Kerbbereich zurückzuführen (Rou1991). Einen anderen Erklärungsansatz für Stahlwerkstoffe liefern Bäumer et al. Bei hohen Dehnraten werden Versetzungsbewegungen im Werkstoff behindert. Diese Versetzungen werden durch Versetzungshindernisse (wie z. B. Phasengrenzen) so lange aufgehalten, bis eine rechnerisch erforderliche Spannung, die sogenannte Peierlsspannung, wirkt. Tatsächlich wird diese Spannung jedoch in der Realität unterschritten, da thermische Schwingungen, die mit zunehmender Temperatur ansteigen, die nötige Energie zur Überwindung von Versetzungshindernissen liefern. Bei sehr hohen Verformungsgeschwindigkeiten kann diese thermische Schwingung nicht ausreichend für die Versetzungsbewegung genutzt werden, so dass die erforderlichen Spannungen mit zunehmender Dehnrate ansteigen (Bäu2005).

Für die Festigkeitssteigerung bei Beanspruchungen mit hohen Dehnraten bei Betonen liegen verschiedene Erklärungsansätze vor. Bei hohen Beanspruchungsgeschwindigkeiten tritt nach Ortlepp häufiger ein Versagen der Zuschlagskörner auf, während im quasistatischen Versuch die Zuschlagskörner bei üblichen Körnungen zäh aus der Betonmatrix herausgezogen werden, was insgesamt zu geringeren Festigkeiten führt (Ort2006).

Ein anderer Erklärungsansatz bezieht sich auch für Beton auf eine begrenzte Rissgeschwindigkeit und die daraus resultierenden Rissbildungen an verschiedenen Orten des Probekörpers, bevor dieser gänzlich versagt (Lar2007). Rauheitsmessungen an bis zum Bruch belasteten Probekörpern konnten diese These stützen, da die Bruchflächen bei mit hohen Dehnraten geprüften Probekörpern deutlich größere Rauheiten aufwiesen als quasistatisch geprüfte Probekörper (Ort2006).

Ein dritter Erklärungsansatz für Beton wird von Rossi vorgestellt. Hiernach resultiert die dehnratenabhängige Festigkeitserhöhung von Beton aus dem sogenannten Stefan-Effekt, der besagt, dass die aufzuwendende Kraft zum Auseinanderziehen zweier Flächen, zwischen denen sich eine dünne viskose Schicht befindet, mit der Geschwindigkeit des Auseinanderziehens zunimmt. Im Beton vorliegendes freies Wasser im Porenvolumen bildet demnach einen dünnen viskosen Film, der bei einer Zugbelastung des Betons auseinandergezogen werden muss und dieser Bewegung bei höheren Geschwindigkeiten auch höhere Kräfte entgegensetzt (Ros1991).

In den zum Werkstoff Glas (s. Abschnitt 3.2) genannten Untersuchungen zur Abhängigkeit der Festigkeit von Belastungsdauer und -verlauf werden in erster Linie bruchmechanische Zusammenhänge untersucht. Die Steigerung der Festigkeit wird teilweise darauf zurückgeführt, dass die Risswachstumsgeschwindigkeiten innerhalb sehr kurzer Belastungsdauern nicht ausreichen, um zum Versagen zu führen. Daher werden im Hochgeschwindigkeitsversuch experimentell höhere Festigkeiten ermittelt als im quasistatischen Versuch.

Ein weiterer Erklärungsansatz nach Schneider geht bei Langzeitbeanspruchung von einer Ionendiffusion der im technischen Glas enthaltenen Netzwerkwandler aus und erklärt hierüber die festgestellten Kriechverformungen, die bei reinem Quarzglas nicht auftreten. Durch andauernde Spannungszustände nehmen die Kationen energetisch günstigere oder gleichwertige Positionen im Netzwerk ein, wodurch auch nicht reversible Verformungen erklärt werden können (Sch2005).

Eine nicht zu unterschätzende Rolle beim dehnratenabhängigen Verhalten der verschiedenen Werkstoffe spielen vermutlich auch Trägheitskräfte. Gerade bei hochdynamischen Beanspruchungen können diese Kräfte sicherlich Größenordnungen erreichen, die deutliche Auswirkungen auf die mechanischen Werkstoffkennwerte haben. So zeigt sich bei den in Abschnitt 6.3.3 beschriebenen Versuchsauswertungen deutlich, dass die Beanspruchung der untersuchten Glaszugprobekörper sich in Form einer Dehnwelle im Probekörper ausbreitet und somit über dessen Länge kein einheitlicher Spannungszustand vorliegt.

4.3 Werkstoffmodelle zur Beschreibung dehnratenabhängigen Verhaltens

Im folgenden Abschnitt werden einige geläufige ingenieurmäßige Werkstoffmodelle zur Beschreibung dehnratenabhängigen Verhaltens vorgestellt und miteinander verglichen. Die Modelle unterscheiden sich in der Komplexität ihrer Ansätze sowie den gewählten Ansatzfunktionen. Bei den in diesem Abschnitt vorgestellten Modellen handelt es sich um induktive Modelle, deren freie Werkstoffparameter empirisch auf Grundlage von Werkstoffuntersuchungen und Messungen bestimmt werden. Hierdurch ist eine Beschränkung der Modelle auf eine integrale Beschreibung des Werkstoffverhaltens gegeben, lokale Versagenszustände lassen sich mit der den Modellen zugrunde liegenden makroskopischen Betrachtung nicht beschreiben.

Die induktiven Modelle lassen sich damit eindeutig gegenüber den deduktiven Methoden zur Modellbildung abgrenzen, die kontinuumsmechanische Ansätze wie z. B. die Masseerhaltung, die Impulsbilanz oder die Energiebilanz verfolgen. Hierzu werden Gleichungen aufgestellt, die Beziehungen zwischen Feldgrößen, wie Verschiebungen oder Spannungen, formulieren (Alt1993).

Das in seinem Aufbau einfachste der hier vorgestellten induktiven Modelle stellt das Kriechgesetz von Norton-Bailey dar, bei dem die Dehnrate $\dot{\varepsilon}$ als Funktion der Spannung σ, die mit einem Kriechfaktor C multipliziert und einem Kriechexponenten n potenziert wird, dargestellt wird. Beide Parameter sind temperaturabhängig und können somit als Funktion der Temperatur T dargestellt werden:

$$\dot{\varepsilon} = C(T) \cdot \sigma^{n(T)} \,. \qquad 4.1$$

Da es sich beim Kriechgesetz nach Norton-Bailey um ein weit verbreitetes Modell handelt, liegen die benötigten Parameter für viele Werkstoffe bereits vor. Darüber hinaus können sie im einaxialen Kriechversuch leicht bestimmt werden (Bet2001).

Für die Beschreibung dehnratenabhängigen Verhaltens von metallischen Werkstoffen existieren verschiedene Modelle, die auf dem Zusammenhang zwischen Spannung und plastischer Dehnung basieren. Ausgangspunkt bildet hierbei das Modell von Ludwik (Söd2005) mit

$$\sigma = \sigma_y + C \cdot \varepsilon_p{}^n \,, \qquad 4.2$$

worin σ_y die quasistatische Streckgrenze und ε_p die plastische Dehnung bezeichnen. C und n sind experimentell zu bestimmende Parameter.

Ein hierauf basierendes Modell zur Beschreibung einer dehnratenabhängigen Streckgrenzen- oder Festigkeitserhöhung stellt das Cowper-Symonds-Modell dar. Hierin wird die Spannung sowohl in Abhängigkeit der Dehnung – zur Berücksichtigung von Verfestigungen im plastischen Bereich – als auch in Abhängigkeit der Dehnrate unter Verwendung eines Potenzansatzes ausgedrückt:

$$\sigma = (\sigma_{stat} + C_1 \cdot \varepsilon^m)\left[1 + \left(\frac{\dot{\varepsilon}}{C_2}\right)^{\frac{1}{n}}\right] . \qquad 4.3$$

Hierbei ist σ_{stat} der Wert für Streckgrenze oder Festigkeit bei quasistatischer Beanspruchung, C_1 und m sind Koeffizienten zur Berücksichtigung von Verfestigungseffekten bei plastischer Verformung und C_2 und n Koeffizienten zur Beschreibung des Einflusses der Dehnrate (Pei2002, Die2005).

Das Johnson-Cook-Modell stellt eine Erweiterung der Beschreibung des Werkstoffverhaltens unter Berücksichtigung thermischer Erweichung gegenüber dem Cowper-Symonds-Modell dar. Darüber hinaus wird der Einfluss der Dehnrate nicht mit einem Potenz-, sondern mit einem logarithmischen Ansatz berücksichtigt, der zudem das Verhältnis der Dehnrate zu einer definierten Referenzdehnrate betrachtet (Joh1983):

$$\sigma = (C_1 + C_2 \cdot \varepsilon^m)\left(1 + C_3 \cdot \ln\frac{\dot{\varepsilon}}{\dot{\varepsilon}_0}\right)\left[1 - \left(\frac{T - T_r}{T_s - T_r}\right)^n\right] . \qquad 4.4$$

In dieser Werkstoffmodellierung sind C_1, C_2, C_3, m und n die für den Werkstoff zu bestimmenden Johnson-Cook Parameter, $\dot{\varepsilon}_0$ ist eine Referenzdehnrate und T, T_r und T_s bezeichnen die absolut auftretende Temperatur, eine Referenztemperatur und die Schmelztemperatur des Werkstoffs. Im Fall kurzzeitiger Betrachtungen, in denen eine Berücksichtigung der Temperatur nicht erforderlich ist, kann der letzte Term entfallen.

Das letzte der hier genannten Werkstoffmodelle ist das Zerilli-Armstrong-Modell, das im Gegensatz zu den anderen genannten Modellen nicht rein empirisch entwickelt wurde, sondern auch strukturmechanische Überlegungen zu den auftretenden Versetzungserscheinungen berücksichtigt. Es kann damit als Erweiterung des Johnson-Cook-Modells angesehen werden (Zer1987, Die2005):

$$\sigma = C_1 + C_2 \cdot e^{\left(-C_3 + C_4 \cdot \ln\frac{\dot{\varepsilon}}{\dot{\varepsilon}_0}\right)} + (C_5 \cdot \varepsilon_p^n + C_6)(B_1 + B_2 \cdot T + B_3 \cdot T^2) . \qquad 4.5$$

Hierin sind C_1 bis C_6, B_1 bis B_3 und n Parameter, die werkstoffspezifisch zu bestimmen sind und den Einfluss der Dehnrate, der Temperatur T und der effektiven plastischen Dehnung ε_p widerspiegeln.

Die vorgestellten Überlegungen zur induktiven Werkstoffmodellierung bilden die Grundlage für eine Variante zur Entwicklung eines dehnratenabhängigen Werkstoffmodells für das in dieser Arbeit untersuchte Kalk-Natronsilicatglas in Abschnitt 7.2.

5 Experimentelle Untersuchungen

Zur Ermittlung des dehnratenabhängigen Werkstoffverhaltens von Glaswerkstoffen werden im Rahmen dieser Arbeit experimentelle Untersuchungen an Glaszugprobekörpern durchgeführt. Bei den Versuchen handelt es sich um zerstörende Zugprüfungen, die sowohl quasistatisch als auch mit höheren Dehnraten bis $\dot{\varepsilon}$ = 2,0 s^{-1} durchgeführt werden. Im Folgenden werden die Überlegungen zur Probekörperherstellung, der Aufbau und die Durchführung der Versuche sowie die messtechnische Datenaufzeichnung erläutert.

5.1 Auswahl und Herstellung der Probekörper

5.1.1 Art des Versuchs und Probekörperdefinition

Im Rahmen dieser Arbeit werden an Probekörpern aus Kalk-Natronsilicatglas einaxiale Zugversuche zur Bestimmung von Werkstoffkennwerten durchgeführt. Damit werden bewusst nicht die zur Bestimmung der Biegefestigkeit von Glas in DIN EN 1288 genormten Versuchsanordnungen (Doppelring-Biegeversuch und Vierschneiden-Verfahren) gewählt (DIN2000a), da diese für den verwendeten Prüfaufbau und die hohen Prüfgeschwindigkeiten als nicht zweckmäßig oder gar nicht realisierbar eingeschätzt werden. Die im Doppelring-Biegeversuch aufzubringende Flächenlast innerhalb des inneren Rings, die über einen steuerbaren Gasdruck realisiert wird, ist im Hochgeschwindigkeitsversuch regelungstechnisch nicht einstellbar, daher ist dieser Versuchsaufbau nicht möglich. Vorversuche mit Versuchsaufbauten im Vierschneiden-Verfahren haben gezeigt, dass eine gleichförmige Lasteinleitung in die Probekörper in Form einer Biegebeanspruchung bei den verwendeten schnellen Prüfgeschwindigkeiten schwer realisierbar ist und dass die erzielten Prüfkräfte bei üblichen Biegeprobekörperabmessungen zu gering für das verwendete Messsystem sind.

Die Probekörper werden daher in Form von taillierten Zugprobekörpern ausgebildet. Abweichend von den oben genannten genormten Versuchsanordnungen wird damit nicht die Biegzugfestigkeit, sondern die Zugfestigkeit des Werkstoffs bestimmt. Der sich im Versuch einstellende Spannungsverlauf ist somit gleichförmig über den gesamten Prüfquerschnitt und wird nicht, wie beim Biegeversuch, maximal an einer Oberfläche des Probekörpers. Um außerdem den festigkeitsreduzierenden Einfluss aus den Schnittkanten auszuschließen, wie dies beim Doppelring-Biegeversuch aufgrund des Versuchsaufbaus möglich ist, wird ein spezielles Verfahren zum Schneiden der Probekörper verwendet, das in Abschnitt 5.1.3 beschrieben wird.

5.1.2 Optimierung der Probekörpergeometrie

Bedingt durch das nahezu ideal spröde Werkstoffverhalten von Glas liegt der Schwerpunkt bei der Festlegung der Probekörpergeometrie in der Vermeidung lokaler Spannungsspitzen. Durch den sprunghaften Krümmungswechsel bei direkter Anordnung eines Ausrundungsradius an den geraden taillierten Prüfbereich eines Zugprobekörpers treten lokale Spannungskonzentrationen auf. Da Glas nicht über Fließeigenschaften verfügt, die eine Spannungsumlagerung ermöglichen, kann das Versagen bei dieser Geometrieausführung an einem nicht bestimmten Querschnitt des Ausrundungsbereichs auftreten, statt, wie gewünscht, im definierten Prüfquerschnitt. Um die im Versuch gemessenen Bruchlasten auf den Prüfquerschnitt beziehen zu können, sind daher die Spannungserhöhungen gegenüber der im Prüfquerschnitt wirkenden Nennspannung soweit wie möglich zu reduzieren.

Hierzu muss ein Übergangsbereich zwischen dem geraden taillierten Prüfbereich und den Ausrundungsradien ausgebildet werden, in dem Spannungskonzentrationen durch einen kontinuierlichen Krümmungswechsel vermieden werden. Dies gelingt durch die Anordnung von Klothoiden. Diese finden ihre Anwendung im Bauwesen in erster Linie im Bereich des Straßenbaus, wo sie, auch als Übergangsbögen bezeichnet, die Fahrdynamik in den Übergangsbereichen zwischen gerader Strecke und Streckenabschnitten mit konstantem Radius verbessern. Eine Klothoide lässt sich definieren über den Klothoidenparamter A, der sich über folgenden Zusammenhang aus dem Radius am Ende des Klothoidenabschnitts R und der Länge des Klothoidenabschnitts $L_Ü$ ergibt (Wei1997):

$$A = \sqrt{R \cdot L_Ü} \,. \tag{5.1}$$

Hieraus folgt, dass das Produkt aus Bogenlänge und zugehörigem Radius konstant ist und sich die Krümmung der Klothoide linear ändert. Dies führt bei Anwendung auf die Gestaltung der Probengeometrie dazu, dass sich die Krümmung der Kontur der Probenkante linear von Null (an der geraden Kante des taillierten Prüfquerschnitts) zum Reziprokwert 1/R des Ausrundungsradius an der Probenschulter ändert. Hierdurch werden sprunghafte Änderungen der Krümmungen und daraus resultierende Spannungsspitzen vermieden.

Die Koordinaten der Klothoide in einem rechtwinkligen Koordinatensystem, ausgehend vom Endpunkt des geraden Abschnitts, sind durch die folgenden Integrale bestimmt, die nicht exakt lösbar sind (Wei1997):

$$X = \int_0^L \cos\frac{L^2}{2 \cdot R^2}\, dL \tag{5.2}$$

$$Y = \int_0^L \sin\frac{L^2}{2 \cdot R^2}\, dL \,. \tag{5.3}$$

In der Literatur werden zur einfachen Lösung Reihenentwicklungen bereitgestellt, mit denen die Koordinaten hinreichend genau bestimmt werden können. Diese Reihenentwicklungen, die in den Gleichungen 5.5 und 5.6 aufgeführt sind, werden auch für die Definition der Probekörpergeometrie verwendet. T steht hierbei für den Schnittwinkel der Tangenten an die Klothoide am Anfangs- und Endpunkt in Bogenmaß und wird ermittelt zu

$$T = \frac{L^2}{2 \cdot A^2} . \tag{5.4}$$

Damit ergeben sich die Koordinaten der Klothoide zu

$$X = L \cdot \left(1 - \frac{T^2}{2! \cdot 5} + \frac{T^4}{4! \cdot 9} - \frac{T^6}{6! \cdot 13} + \ldots \right) \tag{5.5}$$

und

$$Y = L \cdot \left(\frac{T}{3} - \frac{T^3}{3! \cdot 7} + \frac{T^5}{5! \cdot 11} - \frac{T^7}{7! \cdot 15} + \ldots \right) . \tag{5.6}$$

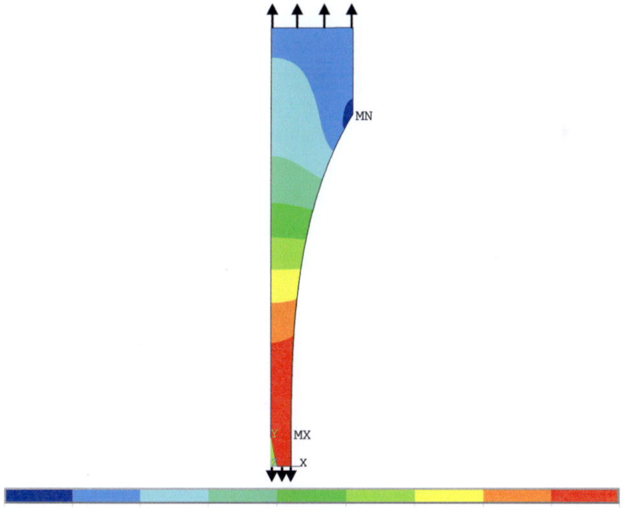

Abb. 5.1: Spannungsplot der numerisch optimierten Probengeometrie unter Längszug

In einer Parameterstudie mit Hilfe eines FEM-Programmsystems werden verschiedene Probengeometrien mit Klothoide berechnet und das numerisch ermittelte Verhältnis der im Übergangsbereich maximal auftretenden Spannungen zur Nennspannung im Prüfquerschnitt miteinander verglichen. Die Probengeometrie mit dem, im Rahmen der gesetzten Parametergrenzen, größten Ausrundungsradius und längstem Übergangsbogen führt in der numerischen Simulation erwartungsgemäß zum geringsten Spannungsverhältnis. Die so ermittelte optimierte Probengeometrie wird als Grundlage für die Herstellung der Glasprobekörper gewählt. Abb. 5.1 zeigt die Spannungsverteilung der mit einer Einslast belasteten Probengeometrie in der numerischen Simulation. Durch Ausnutzung der beiden Symmetrieachsen der Probengeometrie kann die Berechnung an einem Viertel der Gesamtgeometrie erfolgen.

Die für die Versuche an Zugprobekörpern gewählte Probengeometrie ist unter Angabe der gewählten Werte für die Geometrieparameter in Anhang 1 dargestellt. Auf Grundlage dieser Geometriedaten erfolgt die Fertigung der Glasproben mit Hilfe des im folgenden Abschnitt beschriebenen Multiple Laser Beam Absorption (MLBA)-Verfahrens.

5.1.3 Glasschneideverfahren

Das konventionelle mechanische Schneideverfahren für Flachgläser ist ein zweistufiger Prozess, bei dem die Schnittkontur zunächst an der Oberfläche mit Glasschneidern vorgeritzt wird. Das Anritzen erfolgt durch kleine Schneidrädchen aus gehärtetem Stahl oder Wolframcarbid oder mit speziell geschliffenen Diamanten. Neben Handglasschneidern existieren automatisierte Verfahren, die in industriellen Anlagen zur Anwendung kommen. Nach dem Erzeugen einer Fissur durch Anritzen der Glasoberfläche und damit verbundener Kerbwirkung wird die Glasscheibe über die gesamte Dicke üblicherweise durch Einleiten einer Biegespannung gebrochen. Hierdurch ergibt sich eine verhältnismäßig schlechte Qualität der Glaskante mit zahlreichen Unregelmäßigkeiten und Kerben, wie in Abb. 5.2 a) dargestellt. Diese können durch nachgeschaltete Schleif- und Polierprozesse beseitigt werden, hierdurch ergibt sich jedoch ein zusätzlicher Aufwand.

Die Qualität von Glaskanten wird in DIN 1249 geregelt. Die hiernach beste Kantenqualität erreicht die polierte Kante (Kurzzeichen KPO), bei der es sich um „eine durch Überpolieren verfeinerte geschliffene Kante“ handelt. Es wird jedoch definiert, dass „Polierspuren in gewissem Umfang [...] zulässig“ sind (DIN1986). Auch eine polierte Glaskante ist demnach nicht frei von Mikroschädigungen auf der Kantenoberfläche.

Da gerade für die in dieser Arbeit untersuchten Zugprobekörper der Einfluss der Kantenqualität auf die Versuchsergebnisse als maßgebend einzuschätzen ist, wird ein besonderes Augenmerk auf das verwendete Schneideverfahren gelegt. Wegen des großen Anteils der Schnittfläche im Prüfbereich der Probekörper verbunden mit dem spröden Werkstoffverhalten von Glas ist davon auszugehen, dass die im Zugversuch zu ermittelnde Festigkeit bei Vorhandensein von Kerben, wie sie z. B. bei mechanischen Schneideverfahren eingebracht werden, durch diese bestimmt wird. Daher wird die Erzielung einer optimalen und reproduzierbaren Kantenqualität der Zugprobekörper angestrebt, um den mindernden Einfluss der Glaskante bei der Bestimmung der Werkstofffestigkeiten weitestgehend auszuschließen und die tatsächliche Festigkeit des Grundwerkstoffs zu ermitteln.

In einer Voruntersuchung wurden Probekörper mit dem Verfahren des Wasserstrahlschneidens gefertigt. Nach Begutachtung der Proben und einiger probeweiser Belastungsversuche konnte das Wasserstrahlschneiden jedoch nicht als sinnvolles Schneideverfahren identifiziert werden, da die erzeugte Schnittkante eine sehr hohe Rauigkeit aufweist. Die hiermit vorliegenden Kerben in der Schnittkante stellen damit zahlreiche mögliche Ausgangspunkte für ein vorzeitiges Versagen des Probekörpers dar. Eine wasserstrahlgeschnittene Glaskante ist exemplarisch in Abb. 5.2 b) dargestellt.

Als geeignete Verfahren wurden schließlich die Laserschnittverfahren identifiziert. Hierbei sind einerseits die ebenfalls zweistufigen Verfahren zu nennen, die das Glas an der Oberfläche mit einem CO_2-Laser anschneiden. Die Kantenbeschädigung durch mechanisches Vorritzen der Glasoberfläche entfällt hierbei, dennoch muss das Glas im Anschluss in einem zweiten Prozessschritt gebrochen werden. Eine Weiterentwicklung stellt das MLBA-Verfahren dar. Bei diesem Laserschneideverfahren erfolgt der Energieeintrag in die zu schneidende Glasscheibe mit einem Scheibenlaser. Das MLBA-Verfahren ist ein einstufiger Prozess, das heißt die Trennung des Glases erfolgt direkt über die gesamte Scheibendicke und ein nachgeschalteter Brechvorgang kann entfallen. Mit dem MLBA-Verfahren können vollständig glatte Schneidkanten erzeugt werden, die keinerlei Kantenbeschädigungen aufweisen (Haa2006). Eine mit dem MLBA-Verfahren geschnittene Glaskante ist in Abb. 5.2 c) dargestellt.

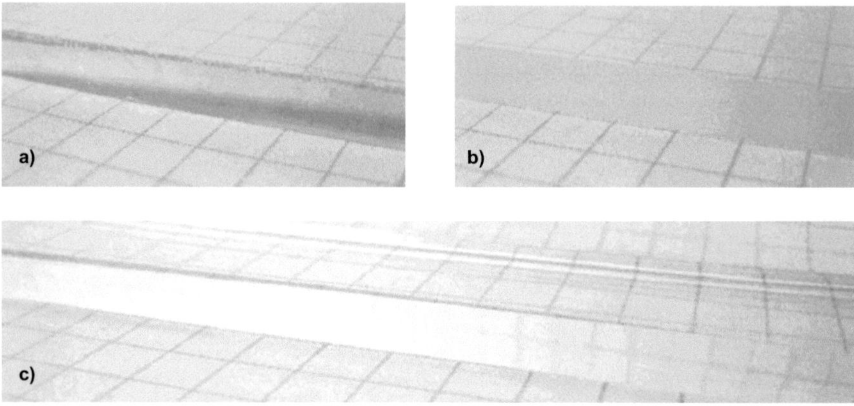

Abb. 5.2: a) Konventionell mechanisch b) mit Wasserstrahl und c) mit dem MLBA-Verfahren erzeugte Glasschnittkante

Das Verfahren beruht dabei auf einer Mehrfachabsorptionstechnik, bei der der Laserstrahl über einen oberhalb und unterhalb der Glasprobe liegenden Reflektor reflektiert und mehrmals durch das zu trennende Glas gesendet wird. Bei jedem Durchgang erfolgt eine teilweise Energieabsorption im Glas, wodurch eine Energieumwandlung aus der Laserstrahlung in thermische Energie und eine lokale Erwärmung des Glases über die gesamte Glasdicke entlang der Schnittkontur erreicht wird. Kühlt sich das Glas, beginnend an den Glasoberflächen, durch Konvektion und Strahlung wieder ab, so entstehen an den Oberflächen Zugspannungen. Ausgehend von einem Initialriss, der vor dem Prozess am Eintrittspunkt des Laserstrahls in die Glasscheibe eingebracht werden muss, wächst der Riss hinter dem Laserstrahl nachlaufend durch die Glasscheibe. Die thermisch induzierte Spannungsverteilung während des Prozesses, die zum gesteuerten Risswachstum im Glas führt, ist in Abb. 5.3 schematisch dargestellt (Haa2007), (Haa2005).

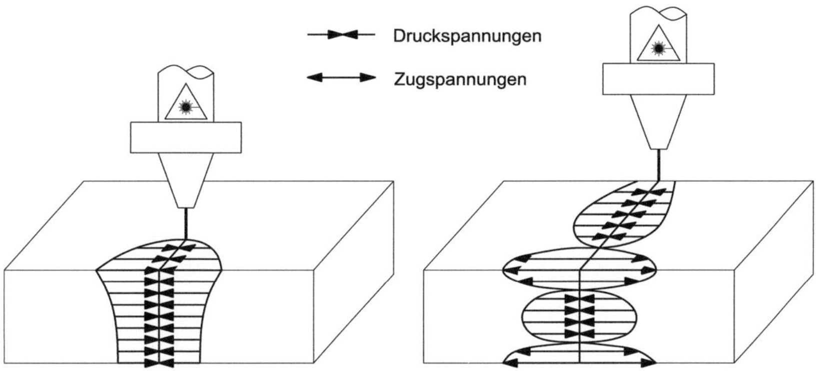

Abb. 5.3: Spannungsverlauf beim MLBA-Verfahren

Für die in dieser Arbeit untersuchten Versuchsserien erfolgt das Schneiden der Probekörper mit einer CNC-gesteuerten Anlage der Firma Rofin Sinar Laser GmbH, Hamburg. Als Laserquelle dient ein Yb:YAG-Laser (Ytterbium-dotiertes Yttrium-Aluminium-Granat mit der Wellenlänge 1030 nm) vom Typ DS 030 HQ. Die für das Verfahren der Mehrfachabsorption erforderlichen Reflektoren sind als Aluminiumreflektor an der Unterseite und Kupfer-Reflektor an der Oberseite ausgeführt. Die Optimierung des Schneidprozesses erfolgt im Wesentlichen durch die Variation der Parameter Prozessgeschwindigkeit, Fokuslage und Laserleistung. Bei der Parametervariation muss ein Prozessfenster definiert werden, in dem der Riss mit möglichst gleichmäßiger Geschwindigkeit hinter dem Laser herläuft, gleichzeitig der Energieeintrag aber auch nicht zu hoch wird, da sonst eine ungewollte wellige Struktur auf der Glaskante resultiert.

Mit Hilfe des MLBA-Verfahrens gelingt es bei geeigneter Wahl der Prozessparameter, eine absolut fehlerfreie Glaskante zu erzeugen. Ein Vergleich der geschnittenen Probengeometrie mit den Geometriedaten nach Abschnitt 5.1.1 zeigt, dass die geplante optimierte Probengeometrie mit hinreichender Genauigkeit für alle drei im Rahmen dieser Arbeit untersuchten Glasdicken (s. Abschnitt 6.3.2) hergestellt werden kann.

5.1.4 Probekörperankopplung an die Prüfmaschine

Eine weitere Besonderheit im Versuchsaufbau stellt die Ankopplung der Probekörper an die Einspannung der Prüfmaschine dar. Da wegen des spröden Werkstoffverhaltens von Glas lokale Pressungen zu einem unplanmäßigen Versagen des Probekörpers im Einspannbereich führen würden, kann nur eine indirekte Ankopplung an das Spannzeug der Prüfmaschine erfolgen. Hierzu werden die Glasprobekörper im oberen und unteren Schulterbereich über seitliche Stahllaschen mit Stahlblechen verklebt, die an die Prüfmaschine angekoppelt werden können. Der Krafteintrag in den Glasprobekörper erfolgt damit durch eine flächige, auf Schub beanspruchte Verklebung. Lokale Spannungsspitzen werden hierüber weitestgehend vermieden. Durch ein im Verhältnis zum Prüfbereich deutlich verbreiterten Schulterbereich der Proben kann jedoch in diesem Bereich eine ausreichende Kraftverteilung gewährleistet werden, so dass ein Bruchversagen außerhalb des Prüfbereiches ausgeschlossen werden kann. Abb. 5.4 zeigt schematisch die Geometrie der Laschenklebung für die Anbindung der Stahlblechteile an die Glasprobekörper. Die seitlich aufgeklebten Laschen bestehen aus 2 mm dickem Stahlblech.

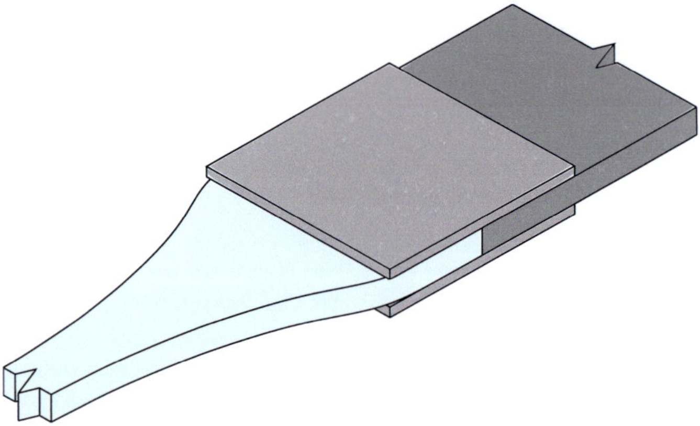

Abb. 5.4: Laschenklebung der Glasprobekörper

Die Dimensionierung der Klebung erfolgt über die jeweils vom Hersteller angegebenen Schubfestigkeiten der ausgehärteten Klebschicht. Hierüber wird die erforderliche Klebschichtfläche ermittelt, die mit ausreichenden Sicherheitsreserven in der Lage ist, die in der Prüfung voraussichtlich auftretenden Bruchlasten sicher aufzunehmen. Um Unsicherheiten im Klebprozess auszuschließen, werden darüber hinaus zunächst Vorversuche mit nicht für die Versuchsserien benötigten Probekörpern durchgeführt. Zusätzlich wird in Hochgeschwindigkeitsaufnahmen das Bruchverhalten der Probekörper analysiert (s. Abschnitt 5.3.4) und darüber sichergestellt, dass das Versagen des Probekörpers nicht vom Bereich der Klebung ausgegangen ist.

Die Wirksamkeit einer Klebverbindung wird maßgeblich durch die Adhäsions- und Kohäsionsanteile bestimmt. Während die Adhäsionskräfte durch die Ankopplung des Klebstoffs an die Oberfläche der Fügeteile bestimmt werden, werden die Kohäsionskräfte durch den inneren Zusammenhalt des Klebstoffs definiert. Die Adhäsionskräfte, die in der Grenzschicht zwischen Klebschicht und Fügeteil wirken, werden unterschieden in die mechanische Adhäsion, die die formschlüssige Verbindung durch Aushärtung des Klebstoffs in Poren, Kapillaren und Hinterschneidungen des Fügeteils beschreibt, und die sogenannte spezifische Adhäsion. Bei der spezifischen Adhäsion handelt es sich um das Zusammenspiel verschiedener chemischer und physikalischer Wirkmechanismen, für weitere Informationen zur spezifischen Adhäsion sei hier z. B. auf Habenicht verwiesen (Hab2009).

Die Kohäsionskräfte werden durch die Anziehungskräfte zwischen den Molekülen des Klebstoffs bestimmt. Hierbei handelt es sich um die auf der chemischen Bindung beruhenden Bindungskräfte und zwischenmolekularen Kräfte infolge von Wechselwirkungen zwischen Atomen oder Molekülen. In Abhängigkeit der Klebstoffart und der chemischen Zusammensetzung ergeben sich sehr unterschiedliche Kohäsionsfestigkeiten wie auch Abhängigkeiten der Kohäsionsfestigkeit von der Temperatur. Aus dem Zusammenspiel von Kohäsions- und Adhäsionskräften resultiert die Schubfestigkeit einer Klebung, die für die Wahl eines geeigneten Klebstoffs ein maßgebendes Kriterium darstellt. In Abhängigkeit der Fügepartner, im hier betrachteten Fall Glas und Stahl, werden für die am Markt erhältlichen Klebstoffe in den jeweiligen technischen Datenblättern Angaben zur Schubfestigkeit gemacht.

Weitere Kriterien für die Klebstoffauswahl sind zunächst ein möglichst hoher Elastizitätsmodul des ausgehärteten Klebstoffs sowie eine möglichst dünn einstellbare Klebstoffschichtdicke, um Dämpfungseffekte aus der Verformung der Klebstoffschicht zu minimieren. Gleichzeitig soll das System aber auch für eine schnelle und einfache Fertigung der Probekörper geeignet sein, so dass die Wahl des Klebstoffs unter verschiedenen, sich teilweise widersprechenden Kriterien erfolgt.

Im Vorfeld wurden daher Testklebungen mit verschiedenen Klebstoffsystemen ausgeführt und Vorversuche mit geklebten Glasproben durchgeführt, um das Verhalten der verschiedenen Systeme unter Versuchsbedingungen zu untersuchen. Eine Übersicht der untersuchten Klebstoffsysteme ist in Tab. 5.1 gegeben. Der Wert für die angegebene Zugscherfestigkeit bezieht sich jeweils, je nach Verfügbarkeit der Angaben, auf eine Glas-Glas- oder eine Stahl-Stahl-Verbindung.

Tab. 5.1: Eigenschaften verwendeter Klebstoffsysteme

Klebstoff	**Art und Aushärtungsmechanismus**	**Scherfestigkeit in N/mm²**	**Elastizitätsmodul in N/mm²**	**Viskosität in mPa·s**
3M Scotch-Weld DP490	Zwei-Komponenten-Epoxidharzklebstoff	30	k. A.	> 100 000 (pastös)
DELO Photobond GB 310	UV-härtender Acrylatklebstoff	34	1600	100 (flüssig)
DELO PUR 9694	Zwei-Komponenten-Polyurethanklebstoff	10	100	k. A. (pastös)

Erste Versuche mit dem Zwei-Komponenten-Epoxidharzklebstoff 3M Scotch-Weld DP 490 zeigen deutlich, dass eine Verarbeitung des Klebstoffs aufgrund seiner hohen Viskosität schwierig ist und sich nur verhältnismäßig große Schichtdicken der Klebung realisieren lassen. Im Versuch zeigt sich, dass die Klebung den Beanspruchungen sicher standhält. Aufgrund der schwierigen Applikation und der hohen Klebschichtdicke, die sich aus der hohen Viskosität ergibt, wird dieser Klebstoff jedoch nicht für die Herstellung der Probekörper verwendet.

Bei der zweiten untersuchten Variante kommt ein Ultraviolett(UV)-härtender Acrylatklebstoff vom Typ DELO-Photobond GB 310 zum Einsatz. Dieser Klebstoff zeichnet sich neben den sehr guten Werkstoffkennwerten im ausgehärteten Zustand dadurch aus, dass aufgrund der flüssigen Konsistenz sehr geringe Klebschichtdicken ausgeführt werden können. Da der Klebstoff durch Bestrahlen mit einer UV-Lampe ausgehärtet werden muss, werden die seitlichen Laschen statt aus Stahl ebenfalls aus Glas ausgeführt, um eine Transmission der UV-Strahlung zu ermöglichen. Trotz der guten Eigenschaften des Klebstoffs für diese Anwendung kommt der UV-härtende Acrylatklebstoff nicht für die Probenfertigung zum Einsatz, da Applikation und Aushärtung zu aufwändig sind. Darüber hinaus können die seitlich aufgeklebten Laschen bei einer Ausführung aus Glas nicht mehrfach verwendet werden, was bei der Ausführung aus Stahl dagegen möglich ist.

Als letzter Klebstoff, der schließlich für die Herstellung aller in dieser Arbeit untersuchten Probekörper verwendet wird, wird ein Zwei-Komponenten-Polyurethanklebstoff untersucht. Trotz der geringeren Scherfestigkeit ist auch dieser Klebstoff in der Lage, die maximal auftretenden Prüfkräfte über die zur Verfügung stehende Klebfläche sicher abzutragen. Da der Klebstoff gegenüber dem untersuchten Zwei-Komponenten-Epoxidharzklebstoff im frisch angemischten Zustand eine deutlich geringere Viskosität besitzt, können in Verbindung mit einer guten Verarbeitbarkeit sehr geringe Klebstoffdicken realisiert werden, so dass der Nachteil eines geringeren Elastizitätsmoduls akzeptiert werden kann. Darüber hinaus lässt sich der Klebstoff durch eine Wärmebehandlung wieder von den verklebten Stahlteilen ablösen, so dass diese mehrfach verwendet werden können.

5.1.5 Oberflächenbeschaffenheit

Im Gegensatz zu der fehlerfreien Glaskante der Probekörper ist davon auszugehen, dass die übrige Glasoberfläche zahlreiche, statistisch verteilte Mikroschädigungen aufweist. Da diese Schädigungen die Ausgangspunkte für ein Versagen durch Glasbruch darstellen können, ist der Oberflächenzustand ein entscheidender Faktor für die Festigkeit des untersuchten Glases. Daher wird in einer Vorversuchsserie der Einfluss des Oberflächenzustands der Glasprobekörper auf die Streuung, und damit auf die Vergleichbarkeit der in den Zugprüfungen ermittelten Bruchfestigkeiten untersucht.

Zu diesem Zweck werden, zusätzlich zu den Probekörpern mit unbehandelten Oberflächen, zwei Serien mit einer Nachbehandlung der Oberfläche geprüft. In der ersten Versuchsserie werden die Oberflächen mit Hilfe einer Flusssäureätzung abgetragen und damit von Mikroschädigungen befreit. Es findet ein planmäßiger Abtrag durch Ätzung der Oberfläche im Mikrometerbereich statt, wodurch Oberflächenkerben, die Spannungskonzentrationen bewirken, entfernt beziehungsweise entschärft werden. Die Wirksamkeit dieser Methode zur Verbesserung des Oberflächenzustands von Glasproben wurde in einer Voruntersuchung nachgewiesen. Hierbei wurden Glasbiegeproben aus gefloatetem Kalk-Natronsilicatglas zunächst unterschiedlich lange in ein Flusssäurebad getaucht und danach im Biegeversuch bis zum Bruch belastet. Das Mischungsverhältnis des Flusssäurebades betrug hierbei 1 Teil 15-prozentige Flusssäure auf 15 Teile Wasser, was einer Verdünnung zu 0,94-prozentiger Flusssäure entspricht.

Die Abmessungen der Glasproben, die im Vierpunktbiegeversuch mit einer Spannweite von 700 mm durch schrittweise Erhöhung der Lasten bis zum Bruch belastet wurden, betrugen 800 mm · 60 mm · 5 mm. Die Belastung erfolgte manuell durch Auflegen von 3 kg schweren Stahlgewichten in Feldmitte. Um einen direkten Glas-Stahl-Kontakt zu vermeiden, waren sowohl im Auflagerbereich als auch im Bereich der Lasteinleitung elastische Zwischenschichten angeordnet. Tab. 5.2 stellt eine Übersicht der Glasproben, die zugehörigen Dauern der Flusssäureätzungen sowie die jeweiligen maximalen Einzellasten in Feldmitte und die daraus errechneten maximalen Biegezugspannungen dar. Die maximalen Biegezugspannungen wurden hierfür auf Grundlage der Formel

$$\sigma = \frac{P \cdot l}{4 \cdot W} \qquad 5.7$$

für den beidseitig gelenkig gelagerten Einfeldträger mit der Feldlänge l und einer in Feldmitte angreifenden vertikalen Einzellast P bestimmt. Eine Skizze der Versuchsanordnung zeigt Abb. 5.5, alle Maßangaben sind in mm.

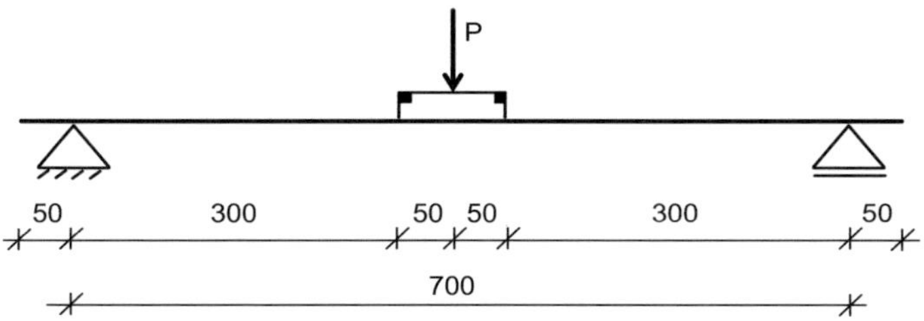

Abb. 5.5: Versuchsanordnung zum Einfluss der Flusssäureätzung

Tab. 5.2: Übersicht der flusssäuregeätzten Glasbiegeproben

Probe Nr.	Ätzungsdauer t in min	max. Last F_U in N	max. Biegezugspannung σ_u in N/mm²
1	0	26,35	180,9
2	0	22,35	153,5
3	0	31,35	215,3
4	0	23,35	160,3
5	30	37,35	256,5
6	60	43,35	297,7
7	90	40,35	277,1
8	120	41,35	284,0
9	180	54,35	373,2
10	240	54,35	373,2
11	300	44,35	366,4
12	360	53,35	387,0
13	420	56,35	304,6

Die in Abb. 5.6 dargestellten Ergebnisse zeigen deutlich, dass die Biegefestigkeit von Glas durch eine Flusssäureätzung erheblich steigerbar ist. Für die Proben 1 bis 9 zeigt sich, unter Berücksichtigung einer starken Streuung aufgrund der geringen Probenzahl, ein nahezu linearer Zusammenhang zwischen der Dauer der Flusssäureätzung und der ermittelten Bruchbiegezugspannung. Ab einer Ätzungsdauer von 180 Minuten ist in der untersuchten Probenserie keine Steigerung der Festigkeit mehr zu beobachten, Probe Nr. 11 (300 min Ätzungsdauer) wird in der Auswertung als Ausreißer betrachtet, da die Probe während des Versuchsaufbaus beschädigt wurde. Grundsätzlich ist davon auszugehen, dass eine Flusssäureätzung durch die Ebnung der Glasoberfläche und die Beseitigung von Mikrokerben trotz der geringen Querschnittsschwächung geeignet ist, die Festigkeit des Glases zu erhöhen. Es ist zu vermuten, dass der Oberflächenabtrag innerhalb von 180 min in der gewählten Lösungskonzentration bereits so weit fortgeschritten ist, dass keine maßgeblichen Mikrokerben mehr vorliegen.

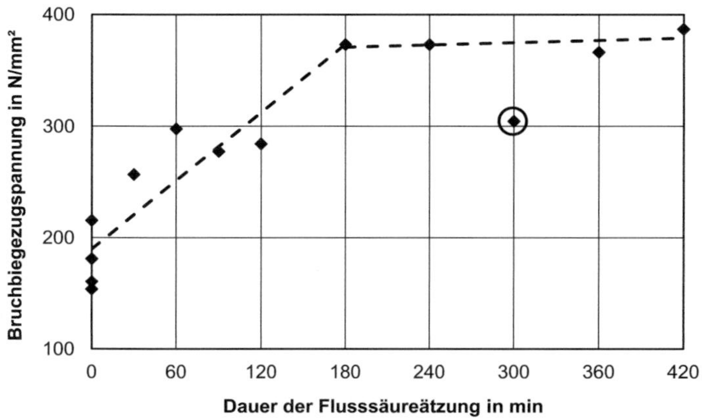

Abb. 5.6: Erhöhung der Oberflächenfestigkeit von Glas durch Flusssäureätzungen

Diese Voruntersuchung zeigt, dass eine Steigerung der Glasfestigkeit auf mehr als den doppelten Wert im Vergleich zur Ausgangsfestigkeit durch eine Flusssäureätzung der Glasoberfläche möglich ist. Ob durch diese Behandlung die Vergleichbarkeit der Ergebnisse – durch eine Reduzierung der Streuung in den Versuchsergebnissen – maßgeblich erhöht werden kann, soll daher in Vorversuchsserie A überprüft werden.

Mehrere Probekörper der Vorversuchsserie A werden vor der Versuchsdurchführung analog zu den Untersuchungen an Biegeprobekörpern in einer Flusssäurelösung eingelegt. Die Ätzungsdauer beträgt hierbei 210 Minuten bei einer Konzentration der Flusssäurelösung von 0,94 %. Nach Durchführung der Ätzung wird mit Hilfe einer Messschraube der Oberflächenabtrag an den Glasprobekörpern bestimmt. Die Reduktion der Gesamtdicke beträgt im Mittel 370 µm, der Oberflächenabtrag auf jeder Seite der Glasprobe damit etwa 185 µm.

An weiteren Probekörpern der Vorversuchsserie A zur Untersuchung des Zustands der Glasoberfläche werden die Oberflächen der Probekörper statt mit einer Flusssäureätzung mit einer planmäßigen Vorschädigung beaufschlagt. Von Fink wird eine Vorschädigung durch die Berieselung mit Schleifkorund P16 aus einer Fallhöhe von 1,0 m Höhe beschrieben (Fin2000). In Anlehnung wird in dieser Arbeit eine Vorschädigung durch allseitiges Strahlen der Probekörper im Prüfbereich durchgeführt. Hierdurch soll für alle Probekörper eine einheitlich geschädigte Probenoberfläche und eine Reduzierung der Streuung in den Versuchsergebnissen erzielt werden. Die Probekörper werden manuell in einer Anlage mit Normalkorund mit einer Körnung von 60 bei einem sehr gering gewählten Strahldruck von 1,2 bar gestrahlt. Da die Prozessparameter teilweise manuell eingestellt werden (Dauer des Strahlens, Abstand des Strahlkopfes, Auftreffwinkel des Strahlgutes), besteht eine Restunsicherheit bezüglich der Vergleichbarkeit der jeweiligen Vorschädigung. Eine nachfolgende augenscheinliche Untersuchung der gestrahlten Oberflächen mit Hilfe einer Lupe führt jedoch zu dem Schluss, dass die Oberflächenschädigung und -rauigkeit bei allen gestrahlten Probekörpern gleichmäßig eingestellt werden konnte.

Die Untersuchung des Einflusses der Oberflächenzustände auf die Streuung und damit die Vergleichbarkeit der Versuchsergebnisse im Zugversuch erfolgt für insgesamt 47 Probekörper, wobei 14 unbehandelte, 17 flusssäuregeätzte und 16 gestrahlte Probekörper untersucht werden. Jede Oberflächengüte wird mit den drei Prüfgeschwindigkeiten 0,1, 0,5 und 2,0 m/s im Hochgeschwindigkeitszugversuch zerstörend geprüft. Die Ergebnisse der Untersuchungen zum Einfluss des Oberflächenzustands werden in Abschnitt 6.3.1 dargestellt.

5.1.6 Glasdicke

Eine zweite Vorversuchsserie, die Serie B, untersucht den Einfluss der Glasdicke auf die Ergebnisse der Zugversuche. Hierbei werden die für Kalk-Natronsilicatglas handelsüblichen Glasdicken 5 mm, 8 mm und 10 mm betrachtet. Sämtliche Probekörper unterschiedlicher Glasdicke werden auf die gleiche Weise mit dem MLBA-Verfahren geschnitten und mit jeweils für die entsprechende Glasdicke gefertigten Stahlblechteilen über gleiche Laschenklebungen verbunden. Es werden Hochgeschwindigkeitszugversuche an insgesamt 59 Probekörpern mit den Prüfgeschwindigkeiten 0,1, 0,5 und 2,0 m/s durchgeführt. Die Auswertung der Vorversuchsserie zum Einfluss der Probekörperdicke erfolgt in Abschnitt 6.3.2.

Die genaue Ermittlung der jeweiligen Glasdicke, die aus Abweichungen im Fertigungsprozess gewissen Toleranzen unterliegt und entsprechend der jeweiligen Produktnorm auch unterliegen darf, erfolgt – wie auch die Ermittlung der Taillierungsbreite – durch Vermessen der Probekörper mit einer digitalen Bügelmessschraube. Da der direkte Stahl-Glas-Kontakt vermieden werden muss, werden die Messflächen der Bügelmesschraube mit Klebestreifen beklebt und die Kalibrierung erfolgt unter Berücksichtigung der Dicke der Klebestreifen. Versuchsweise durchgeführte Wiederholungsmessungen zeigen, dass eine Reproduzierbarkeit der Messergebnisse in der Anzeigeauflösung des Geräts von 1 μm gegeben ist. Da speziell die Breite im Taillierungsbereich jedoch Schwankungen durch z. B. nicht vollständig rechtwinklige Schnittkanten unterliegt, werden die aus gemessener Breite und Dicke der Probekörper errechneten Querschnittsflächen in der weiteren Berechnung auf eine Genauigkeit von 0,1 mm² gerundet.

5.1.7 Thermische Vorspannung

Zur Erhöhung der Festigkeitswerte wird Floatglas in einem thermischen Prozess zu ESG vorgespannt. Hierdurch ergibt sich im Glas ein charakteristischer Eigenspannungszustand mit Druckeigenspannungen auf den Außenseiten und Zugeigenspannungen im Inneren. Dies führt dazu, dass bei einer Zug- oder Biegezugbeanspruchung zunächst die Druckeigenspannungen an den Oberflächen erreichen müssen, bevor an den Oberflächen eine Zugbeanspruchung wirksam wird. Die festigkeitsbestimmenden Defekte befinden sich üblicherweise an der Oberfläche des Glases, während der innere Bereich keine Beschädigungen aufweist. Daher wirken sich die im Glasinneren eingebrachten Zugeigenspannungen nicht versagensbestimmend aus, und die Festigkeit des Glases kann über eine thermische Vorspannung deutlich gesteigert werden.

Der Vorspannprozess beginnt mit einer gleichmäßigen, über den Querschnitt konstanten Erwärmung des Glases auf 620 bis 670 °C. Die Temperaturen liegen damit ca. 100 °C über der Transformationstemperatur des Glases. Im Anschluss werden die Glasoberflächen durch Anblasen mit Luft oder Tauchen in eine Flüssigkeit plötzlich abgekühlt. Dies erfolgt bei ESG gegenüber TVG schneller und damit mit einem größeren Temperaturgradienten über die Glasdicke. Durch die Abkühlung entstehen an der Glasoberfläche zunächst Zugspannungen und aus Gleichgewichtsgründen Druckspannungen im Glasinneren. Durch die noch niedrige Viskosität im Glasinneren wird der Spannungszustand jedoch schnell wieder abgebaut. Nachdem die Glasoberflächen auf Temperaturen unterhalb der Transformationstemperatur abgekühlt sind und damit das Verhalten eines elastischen Festkörpers aufweisen, kühlt zeitlich verzögert auch der Glaskern ab. Dieses erzeugt nun wiederum Zugspannungen im Glasinneren, die sich mit Druckspannungen an der Glasoberfläche ins Gleichgewicht setzen müssen. Die durch den thermischen Vorspannprozess erzeugte charakteristische Spannungsverteilung über die Glasdicke ist schematisch in Abb. 5.7 dargestellt (Hal2008, Wör2001).

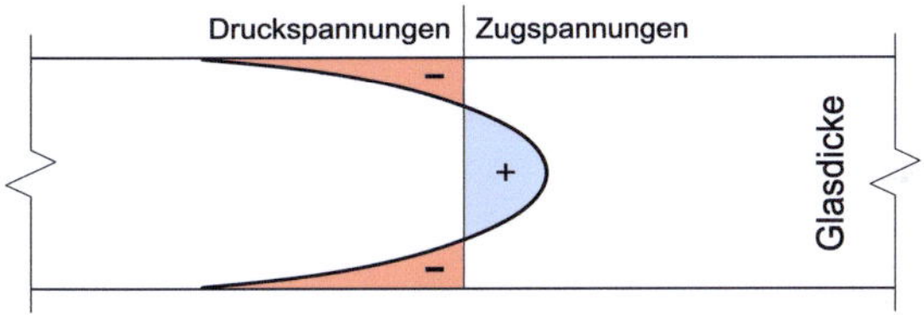

Abb. 5.7: Eigenspannungsverteilung bei thermisch vorgespanntem Glas

Um den möglichen Einfluss einer thermischen Vorspannung auf das dehnratenabhängige Verhalten von Kalk-Natronsilicatglas zu untersuchen, werden in einer zweiten Hauptversuchsserie, der Serie D, thermisch vorgespannte Glasproben mit unterschiedlichen Prüfgeschwindigkeiten im einaxialen Zugversuch bis zum Bruch belastet. Die Vorspannung erfolgt bei der Interpane Sicherheitsglas GmbH und Co. KG, Hildesheim zum nach DIN 12 150 genormten ESG mit der Herstellerbezeichnung „ipasafe“.

Ein Nachteil des thermischen Vorspannprozesses stellt die Beeinträchtigung der Planizität der Glasprobekörper dar. Durch die Erhitzung bis über den Glasübergangsbereich hinaus und die für die Anlage gerade noch zulässige Länge der Probekörper können Verformungen aus der Tafelebene nicht verhindert werden. Bei den 300 mm langen Glasproben ergibt sich hieraus ein Stich in Probenmitte zwischen 1,5 und 3 mm. Im Bereich der Klebung der

Stahllaschen zur Ankopplung an die Prüfmaschine wird diese Verformung zwar kompensiert, so dass im Zugversuch kein Biegemoment aus der Ankopplung eingebracht wird. Beim Aufbringen der Zugkräfte ergeben sich jedoch aus der Imperfektion der Probekörper resultierende Biegespannungen, die dann über eine beidseitige Dehnungsmessstreifen(DMS)-Messung und anschließende Biegekompensation messtechnisch berücksichtigt werden können. Bei der Auswertung der jeweiligen Zugfestigkeit ist dann allerdings zu berücksichtigen, dass einseitig höhere Zugspannungen durch den Biegeanteil auftreten, die zu einem vorzeitigen Versagen gegenüber ideal planen Glasprobekörpern führen können.

Die thermisch vorgespannten Glasproben werden zur Verifikation der Oberflächendruckeigenspannungen mit dem Grazing Angle Surface Polarimeter (GASP) der Firma Strainoptic Technologies, Inc. vermessen. Hierzu ist zunächst die Bestimmung der Zinnbadseite mit Hilfe einer UV-Lampe, in deren Licht die Zinnionen fluoreszieren, erforderlich. Das an der Zinnbadseite durchgeführte Messverfahren beruht auf der durch die im transparenten Werkstoff herrschende Spannung hervorgerufenen Doppelbrechung. Nach dem Gesetz von Brewster ist die Doppelbrechung dabei proportional zur Differenz der Hauptspannungen:

$$n_1 - n_2 = (\sigma_1 - \sigma_2)\, C_B\,. \tag{5.8}$$

Hierin ist $n_1 - n_2$ die Differenz der Doppelbrechung, $\sigma_1 - \sigma_2$ die Differenz der Hauptspannungen und C_B die sogenannte Brewster Materialkonstante. Durch Einleiten polarisierten Lichts in die Glasoberfläche mit einem Eingangsprisma und Aufzeichnen des durch die Glasoberfläche gesendeten Lichts mit einem Ausgangsprisma kann ein durch die Doppelbrechung verursachter Versatz im Lichtstrahl über einen Winkelmesser am Gerät abgelesen werden. Aus dem gemessenen Versatz kann die an der Glasoberfläche herrschende Spannung berechnet werden über die Beziehung

$$\sigma = K \cdot \tan\theta \tag{5.9}$$

oder direkt aus dem Gerät beiliegenden tabellarischen Übersichten abgelesen werden. In Gleichung 5.9 sind σ die zu bestimmende Oberflächendruckspannung, K eine geräteabhängige Proportionalitätskonstante und θ der gemessene Winkelversatz (Str1997).

Tab. 5.3: Oberflächendruckspannungen thermisch vorgespannter Glasprobekörper

Probe Nr.	**gemessene Oberflächendruckspannung $\sigma_{c,surf}$ in N/mm²**
D01	120
D04	125
D07	120
D10	115
D13	120
D16	130
D19	135

Die Vermessung mit dem GASP erfolgt stichprobenartig mit jeweils einer Messung an sieben thermisch vorgespannten Glasprobekörpern. Da insgesamt sehr einheitliche Werte gemessen werden und alle Probekörper im selben Prozess thermisch vorgespannt wurden, ist eine stichprobenartige Verifikation ausreichend. Die gemessenen Oberflächendruckspannungen, die mit in der Literatur angegebenen Wertebereichen für ESG gut übereinstimmen, sind in der folgenden Tab. 5.3 aufgeführt. Die Werte sind aufgrund der Ungenauigkeit beim Ablesen des Winkelversatzes jeweils nur auf 5 N/mm² genau angegeben.

5.2 Versuchseinrichtung

5.2.1 Hochgeschwindigkeits-Prüfmaschine

Bei der für alle Zugprüfungen im Rahmen dieser Arbeit verwendeten Prüfmaschine handelt es sich um eine servohydraulische Hochgeschwindigkeits-Prüfmaschine VHS 65/25 des Herstellers Instron. Die Prüfmaschine ist in Abb. 5.8 dargestellt. Mit der Prüfmaschine sind Hochgeschwindigkeits-Prüfungen (Very High Speed [VHS]) sowohl im Zug- als auch im Druckbereich durchführbar. Die maximal erreichbare Kolbengeschwindigkeit beträgt 25 m/s bei einer maximal erzielbaren dynamischen Prüfkraft von ±50 kN und einem Prüfweg von ±125 mm. Für statische Versuche kann eine maximale Prüfkraft von 65 kN realisiert werden.

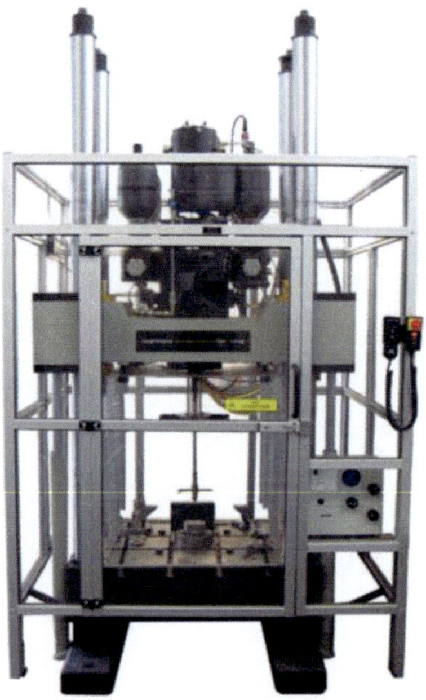

Abb. 5.8: Hochgeschwindigkeits-Prüfmaschine Instron VHS 65/25

Die servohydraulische Prüfmaschine ermöglicht sowohl quasistatische Prüfungen sowie Prüfungen mit Geschwindigkeiten bis ca. 1,0 m/s im kraft- und weggeregelten Bereich. Prüfungen mit Prüfgeschwindigkeiten über 1,5 m/s werden im sogenannten „Open-Loop"-Modus durchgeführt, wobei die Prüfgeschwindigkeit durch das Öffnungsmaß eines zusätzlichen Ventils gesteuert wird. Die für die Hochgeschwindigkeitsprüfungen erforderlichen Druckreserven werden zunächst in mit Stickstoff gefüllten Druckvorratsbehältern am oberen Teil der Prüfmaschine gespeichert, die durch dehnbare Membranen vom Hydrauliköl-Kreislauf der Maschine getrennt sind. Bei einer Hochgeschwindigkeitsprüfung wird dieser Druck schlagartig, gesteuert durch das Öffnungsmaß eines Ventils, auf den Kolben der Prüfmaschine übertragen, der hierüber beschleunigt wird.

Um definierte Prüfgeschwindigkeiten des Maschinenkolbens (und darüber die im Versuch zu erzielende Dehnrate am Prüfkörper) im Open-Loop-Modus erzielen zu können, müssen zunächst Kalibrierungsdateien für die Kolbengeschwindigkeit erzeugt werden. Hierbei wird die Maschine ohne Probekörper aber mit der vollständigen oberen Einspannung zur Probenaufnahme mit verschiedenen, möglichst kontinuierlich ansteigenden vorzugebenden Werten für das Ventilöffnungsmaß gefahren. Zu jedem Eingangsmaß für die Ventilöffnung wird über eine Weg-Zeit-Beziehung die Geschwindigkeit des Maschinenkolbens an der Position, an der die Ankopplung an den Probekörper erfolgen würde, ermittelt. Die so ermittelten Wertepaare werden intern als Geschwindigkeits-Kalibrierungsdatei abgespeichert und können für alle Versuche mit gleichem Aufbau der oberen Einspannung verwendet werden. In der Steuerungssoftware ist dann nur noch die entsprechende Kalibrierungsdatei auszuwählen und die für den jeweiligen Versuch zu fahrende Geschwindigkeit anzugeben.

Die Probenankopplung, die im folgenden Abschnitt näher erläutert wird, kann im Hochgeschwindigkeitsversuch erst nach einer gewissen Vorlaufzeit für die Beschleunigung des Maschinenkolbens erfolgen. Wenn dieser die für die Prüfung erforderliche Geschwindigkeit erreicht und die schlagartige Ankopplung und Lasteinleitung in den Probekörper erfolgt, reduziert sich kurzzeitig durch den eingetragenen Impuls in Abhängigkeit von der Bruchlast des Probekörpers die Prüfgeschwindigkeit.

Um eine konstante Prüfgeschwindigkeit zu gewährleisten, bietet die Steuerungssoftware der Maschine ein sogenanntes „Profiler"-Werkzeug an. Hierbei wird auf Grundlage eines bereits durchgeführten Versuchs unter gleichen Bedingungen (geometrische Abmessungen, Massenverteilung, Zeitpunkt der Ankopplung) intern ein Steuerungsverlauf für die Maschinenkolbenbeschleunigung errechnet, der den Geschwindigkeitsrückgang zum Zeitpunkt der Probekörperankopplung kompensieren soll. In Abhängigkeit von der Prüfkraft und dem Betrag des tatsächlichen Geschwindigkeitsrückgangs wird damit zeitgenau das Ventil für die Maschinenkolbenbeschleunigung weiter geöffnet, so dass eine größere Energie für die Bewegung des Maschinenkolbens zur Verfügung steht. Nachteilig bei der Vorgehensweise mit dem Profiler-Werkzeug ist, dass die Kompensation jeweils nur für den exakt gleichen Prüfverlauf mit vergleichbarem Probekörper erfolgen kann. Für jede veränderte Situation werden ein neuer Versuch und damit ein zusätzlicher Probekörper erforderlich, an dem der auftretende Geschwindigkeitsrückgang zum Zeitpunkt der Lasteinleitung vorab ermittelt werden muss.

5.2.2 Probekörperaufnahme

Die Einspannung der Proben in der verwendeten Prüfmaschine erfolgt üblicherweise mit dem sogenannten „Schnellen Beißer". Bei dieser Einspannkonstruktion handelt es sich um eine gabelförmige Vorrichtung, in der zwei Spannbacken, die durch Stahlkeile auf Abstand gehalten werden, mit hochfesten Schrauben gegeneinander verspannt werden. Dieser Schnelle Beißer läuft im Zugversuch am Probekörper, der sich mit sehr geringem Abstand zwischen den Spannbacken befindet, entlang. Erreicht er eine bestimmte Position, werden die keilförmigen Stahlteile durch einen neben dem Maschinenkolben liegenden fixen Anschlag herausgeschlagen und die Spannbacken greifen durch die Vorspannkraft der Schrauben den Probekörper und leiten die Prüfkraft ein. Zu diesem Zeitpunkt bewegt sich der Prüfkolben mit der für den jeweiligen Versuch gewünschten Geschwindigkeit.

Aufgrund des hohen Aufwands für den Probeneinbau bei diesem Verfahren (Festklemmen der keilförmigen Stahlteile bei definiertem Abstand der Spannbacken, Vorspannen der vier hochfesten Schrauben), wird im Rahmen dieser Arbeit eine alternative Vorrichtung zum Einspannen der Proben konstruiert. Hierbei handelt es sich um einen sogenannten „Slack-Adaptor", bei dem ein Kolben zunächst kraftlos eine gewisse Wegstrecke in einem Zylinder verfahren werden kann, bis er am Zylinderboden anschlägt und der Slack-Adaptor eine Zugkraft übertragen kann. Der Slack-Adaptor stellt somit für einen definierten Verfahrweg ein Normalkraftgelenk dar. Hierüber wird gewährleistet, dass der Kolben der Prüfmaschine zunächst auf die gewünschte Prüfgeschwindigkeit beschleunigt werden kann, bevor eine Krafteinleitung in den Probekörper erfolgt.

Durch eine Bohrung in der Fußfläche des Zylinders läuft ein Rundstahl mit dem Durchmesser 14 mm, der an seinem oberen Ende mit dem Kolben und an seinem unteren Ende mit einem gefrästen Stahlformteil verbunden ist. Die Verbindung zur Kraftübertragung zwischen Probekörper und Slack-Adaptor erfolgt über dieses Stahlformteil, das die Gestalt eines Gabelkopfes hat. Durch zwei Bohrungen mit dem Durchmesser 20 mm im Gabelkopf und eine entsprechende Bohrung im an die Glasprobe angeklebten Stahlblech wird ein passgenauer Bolzen gesteckt, der zusätzlich mit einem Splint gesichert wird. Hierdurch kann der Probekörper nahezu schlupffrei in die Prüfmaschine eingebaut werden. An der Unterseite erfolgt die Verbindung ebenfalls mit einem Scherbolzen an ein weiteres gabelkopfförmiges Stahlbauteil, das mit dem Adapterstück auf der Messunterlagsscheibe verschraubt ist. Abb. 5.9 zeigt einen Schnitt (links) sowie eine dreidimensionale Darstellung (rechts) der Probekörperaufnahme mit Slack-Adaptor, unterer Einspannung und Scherbolzen.

Der Vorteil der gewählten Probenaufnahme liegt im wesentlich vereinfachten Probeneinbau gegenüber der Variante mit Schnellem Beißer. Darüber hinaus kann eine vereinfachte DMS-Messung (auf dem Rundstahl des Slack-Adaptors) erfolgen, die für eine zusätzliche Kraftmessung benötigt wird (s. Abschnitt 5.3.2).

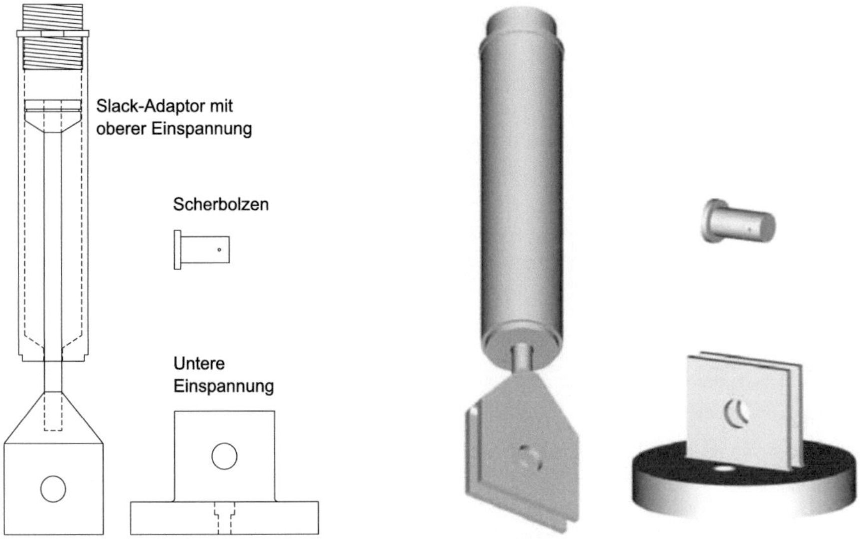

Abb. 5.9: Probekörperaufnahme mit Slack-Adaptor, unterer Einspannung und Scherbolzen

5.3 Messtechnische Datenerfassung

5.3.1 Dehnungsmessung

Die Dehnungsmessung erfolgt mit auf der Probenoberfläche applizierten DMS. Hierzu werden in der taillierten Probenmitte beidseitig DMS über eine Klebung mit Cyanacrylatklebstoff (Typ CN) appliziert. Während auf einer Seite des Probekörpers lediglich mit einem linearen DMS (Typ FLA-3-350-11) die Längsdehnungen während des Zugversuches gemessen werden, wird auf der anderen Seite ein 2-Element-Rosetten-DMS verwendet (Typ FCA-3-350-11), um zusätzlich zur Längsdehnung auch die Querdehnung zu erfassen. Alle verwendeten DMS und das Zubehör wie Klebstoff und Lötstützpunkte stammen vom Hersteller TML Tokyo Sokki Kenkyujo Co., Ltd.

Alle drei auf dem Probekörper messenden DMS werden einzeln als Viertelbrücke verschaltet. Bei einer möglichen Biegebeanspruchung während des Zugversuchs um die schwache Achse des Probekörpers können somit die Biegeanteile der Dehnungen eindeutig identifiziert werden, da die Längsdehnungen auf beiden Seiten des Probekörpers unabhängig voneinander erfasst werden. Biegebeanspruchungen des Probekörpers um seine starke Achse können aufgrund der mit dem Scherbolzen gelenkig ausgeführten Probenaufnahme weitgehend ausgeschlossen werden (vgl. Abschnitt 5.2.2).

Die Verstärkung der DMS-Signale erfolgt mit analogen Präzisions-Brückenmessverstärkern vom Typ HERO DMS805B-10P-1000 der Firma Rohrer GmbH. Jeder Brückenmessverstärker kann DMS-Vollbrücken sowie – durch 350 Ω-Ergänzungswiderstände – Halb- und Viertelbrücken um Faktor 10 bis 5000 stufenlos verstärken, die Genauigkeit beträgt hierbei 0,1 % bei einem Quellwiderstand RQ ≤ 1 kΩ. Die Datenerfassung erfolgt mit einer Messkarte des Herstellers National Instruments. Mit der Datenerfassungskarte vom Typ NI PXI 6133 können bis zu 8 analoge Eingangskanäle parallel mit einer maximalen Abtastrate von 2,5 Megasamples pro Sekunde (MS/s) digitalisiert werden. Die für die Versuche gewählten Abtastraten orientieren sich dabei an den jeweiligen Versuchsgeschwindigkeiten und Dehnraten. Um nicht unnötig große Datenmengen zu erzeugen, wird nur für die höchsten Dehnraten die maximal mögliche Abtastrate von 2,5 MS/s gewählt.

Für die Zuordnung der gemessenen Dehnungsverläufe wird eine einheitliche Nummerierung der DMS gewählt. DMS 2 und 3 messen den Dehnungsverlauf in Längsrichtung auf beiden Seiten der Probe. DMS 4 misst den Dehnungsverlauf in Querrichtung auf derselben Seite wie DMS 3. Die Anordnung der DMS auf den Glaszugprobekörpern ist in Abb. 5.10 dargestellt.

Die Auswertung der mit den DMS gemessenen Widerstandsänderungen und Bestimmung der aufgetretenen Dehnungen ε erfolgt mit der Gleichung (Hof1987)

$$\varepsilon = \frac{4}{k} \cdot \frac{U_A}{U_B}, \qquad 5.10$$

worin k den sogenannten k-Faktor bezeichnet, der die Empfindlichkeit des DMS als Verhältnis von relativer Widerstandsänderung zur Dehnung angibt, U_A die Ausgangs- und U_B die Speisespannung der Wheatstoneschen Brückenschaltung. Die Ausgangsspannung kann um einen Faktor zwischen 10 und 5000 verstärkt werden. Dieser lässt sich am analogen Brückenmessverstärker einstellen und muss bei der Berechnung der Dehnungen berücksichtigt werden.

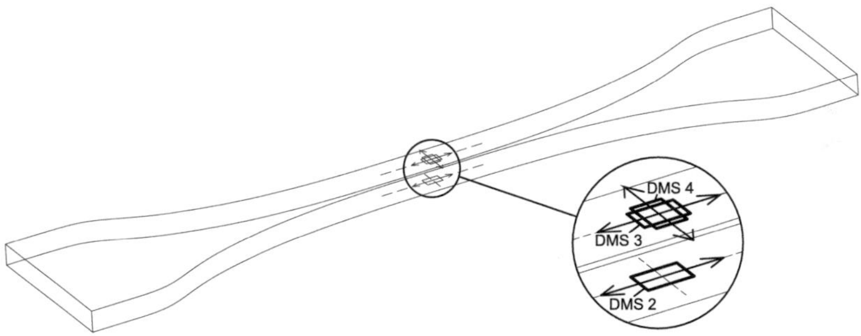

Abb. 5.10: Nummerierung der DMS zur Messung des Dehnungsverlaufs

Da die Aufzeichnung aller drei auf der Probe applizierten DMS separat erfolgt, wird die Längsdehnung in Zugrichtung als gemittelter Wert der Messungen mit DMS 2 und 3 ausgewertet, nachdem beide Einzelsignale auf eventuelle Biegeanteile beim Zugversuch überprüft wurden. Unter Berücksichtigung dieser Biegeanteile erfolgt eine Korrektur der nur einseitig gemessenen Querdehnung. Aus dem Verhältnis des, falls erforderlich, korrigierten Wertes für die gemessene Querdehnung zur gemittelten Längsdehnung wird für jeden Versuch die Querkontraktionszahl errechnet, um eine zusätzliche Überprüfung der Dehnungsmessung zu erhalten.

5.3.2 Kraftmessung

Die Kraftmessung erfolgt für die verwendete Prüfmaschine bei hohen Dehnraten standardmäßig mit einer piezoelektrischen Quarz-Messunterlagsscheibe vom Typ 9071A mit Ladungsverstärker Typ 5011B00 des Herstellers Kistler Holding AG. Die Ansprechschwelle der Kraftmessdose liegt nach Angaben des Herstellers unterhalb von 0,01 N bei einem Messbereich von 0 bis 400 kN (oder $\pm$ 200 kN). Das Messprinzip beruht auf einem piezoelektrischen Sensorelement aus Quartz, das bei einer mechanischen Belastung annähernd proportional zur Höhe der Belastung eine elektrische Ladung abgibt. Geringe Abweichungen von der Linearität werden durch unterschiedliche Kalibrationsbereiche reduziert, die in Abhängigkeit von der zu erwartenden Prüflast gewählt werden können. Im angeschlossenen Ladungsverstärker wird diese elektrische Ladung in eine elektrische Spannung umgewandelt, die dann in der weitergehenden Messdatenverarbeitung ausgewertet werden kann.

Messunterlagsscheiben dieser Bauart werden üblicherweise für Kraftmessungen bei hohen Dehnraten eingesetzt, weil durch ihre hohe Steifigkeit das Verhalten des Messobjekts nahezu unbeeinflusst bleibt. Eigene Erfahrungen bei zahlreichen Hochgeschwindigkeitszugversuchen sowie die Untersuchungen von Larour et al. sowie Baer und Häcker zeigen jedoch, dass das Schwingungsverhalten der gesamten Prüfmaschine und speziell von Einspannvorrichtungen und erforderlichen Adapterstücken, die auf der Messunterlagsscheibe befestigt sind, zu einer starken Beeinflussung des gemessenen Kraftsignals führen (Lar2009, Bae2005). Bei hohen Prüflasten und hohen Prüfgeschwindigkeiten werden teilweise überlagerte Schwingungsamplituden in Höhe des Messsignals beobachtet. Da auch durch Methoden der digitalen Signalverarbeitung das gemessene Signal nicht ohne größere Informationseinbußen nachbearbeitet werden kann, muss eine alternative Möglichkeit zur Kraftmessung entwickelt werden.

In einer Untersuchungsreihe vergleichen Larour et al. Kraftmessungen bei Hochgeschwindigkeitsversuchen, die entweder mit einer Quarz-Messunterlagsscheibe, mit auf der Probeneinspannung applizierten und kalibrierten DMS oder direkt auf den Probekörpern applizierten und kalibrierten DMS durchgeführt wurden. Durch den Vergleich der Messungen kommen die Autoren zu dem Schluss, dass die Qualität des gemessenen Signals bei der Messung auf dem Probekörper am besten, im Vergleich hierzu bei der Messung auf der Einspannung etwas schlechter und bei der Messung mit der Quarz-Messunterlagsscheibe deutlich schlechter in Bezug auf überlagerte störende Schwingungsanteile ist (Lar2009). In der in dieser Arbeit durchgeführten Untersuchung wird daher zunächst die Kraftmessung mit kalibrierten DMS auf der Einspannung untersucht. Der während des Versuchs auftretende Kraftverlauf kann hiermit bei Versuchen mit geringen Geschwindigkeiten ohne störende Schwingungseinflüsse und bei Versuchen mit hohen Geschwindigkeiten mit deutlich reduzierten Schwingungseinflüssen aufgezeichnet werden. Auf eine Kraftmessung mit kalibrierten DMS auf den Probekörpern kann deshalb verzichtet werden.

Die Messung erfolgt auf dem Rundstahl mit dem Durchmesser 14 mm, an dem die obere Einspannung befestigt ist. Die DMS sind als Vollbrücke verschaltet mit zwei messenden DMS auf dem Rundstahl der Einspannung und zwei Ergänzungs-DMS, die auf einem unbelasteten Stahlblech appliziert sind. Bei den messenden DMS handelt es sich um die DMS 1 und 3 einer Wheatstoneschen Brückenschaltung. Die Ergänzungs-DMS werden benötigt, da mit den verwendeten DMS-Brückenmessverstärkern die Messung einer sogenannten Zweiviertel- oder Diagonalbrücke nicht möglich ist. Der Vorteil beim Einsatz der DMS 1 und 3 als messende DMS liegt aber gerade darin, dass Biegeanteile, die in dem Rundstahl auftreten könnten, automatisch kompensiert werden und lediglich der aus Normalkraft resultierende Dehnungsanteil aufgezeichnet wird (Hof1987). Die Wheatstonesche Brückenschaltung für eine Verschaltung als Vollbrücke, so wie sie in den vorliegenden Untersuchungen zur Dehnungs- und – über einen Kalibrierfaktor – zur Kraftmessung verwendet wird, ist in Abb. 5.11 dargestellt. U_B und U_A bezeichnen hierbei die Speise- und die Ausgangsspannung der Brückenschaltung.

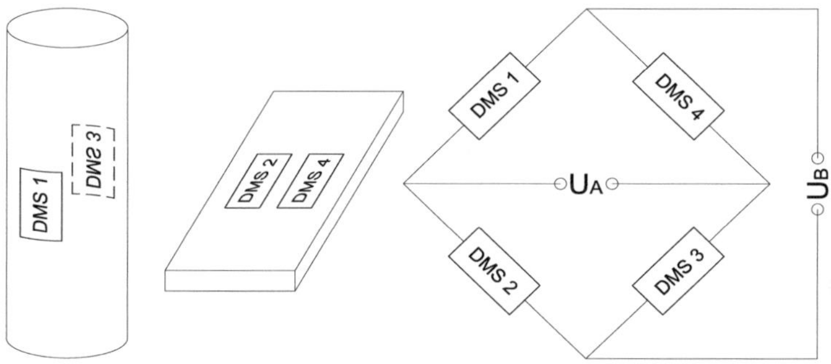

Abb. 5.11: Anordnung der kalibrierten DMS zur Kraftmessung auf der Einspannung

Das Signal der DMS-Vollbrücke, das in den Versuchen als DMS-Kanal 1 bezeichnet ist, wird zunächst statisch kalibriert. Hierzu werden mit der Prüfmaschine kraftgesteuert verschiedene Belastungsniveaus angefahren und das zugehörige DMS-Signal wird aufgezeichnet. Über eine Analyse der Signale kann dann ein Proportionalitätsfaktor ermittelt werden, mit dem aus dem DMS-Signal direkt die Prüflast berechnet werden kann. Eine Berechnung der tatsächlichen Dehnung auf der Probeneinspannung über die Brückengleichung der Wheatstoneschen Brückenschaltung für eine Vollbrücke kann demnach entfallen. Im Laufe der Versuchsserien und nach deren Abschluss wird der Proportionalitätsfaktor erneut ermittelt, um etwaige verfälschende Einflüsse auf die Kraftmessung auszuschließen.

Bei allen Versuchen erfolgt die Kraftmessung zusätzlich über die prüfmaschineninterne Quarz-Messunterlagsscheibe. Hierdurch kann auch bei stark mit Schwingungen überlagerten Messdaten der Quarz-Messunterlagsscheibe qualitativ eine Verifizierung des über kalibrierte DMS gemessenen Kraftsignals erfolgen.

5.3.3 Messdatenerfassung

Die Messdatenerfassung erfolgt, wie bereits in Abschnitt 5.3.1 beschrieben, mit einer Messkarte vom Typ NI PXI 6133 der Firma National Instruments. Neben den drei auf den Probekörpern gemessenen DMS-Signalen werden zusätzlich das über die kalibrierten DMS gemessene Kraftsignal sowie das Kraftsignal aus der Messunterlagsscheibe und das Wegsignal der Prüfmaschine aufgezeichnet. Hierzu werden über eine Ausschleifung die Signale aus dem Steuerungssystem für die Prüfmaschine an die Eingangskanäle der Messkarte angeschlossen und aufgezeichnet.

Die Datenspeicherung erfolgt in Form von ASCII-Datensätzen mit spaltenweise aufgezeichneten Verläufen des Kraftsignals der Messunterlagsscheibe, des Kolbenwegs, des DMS-Vollbrückensignals auf der Einspannung und den DMS-Viertelbrücken-Signalen der DMS 2, 3 und 4 auf dem Probekörper. Die Auswertung der aufgezeichneten Messdaten wird in Abschnitt 6.1.4 erläutert.

5.3.4 Hochgeschwindigkeitskamera

Zur qualitativen Überprüfung des mit dem menschlichen Auge nicht wahrnehmbaren Bruchvorgangs der Glasprobekörper während der Hochgeschwindigkeitszugversuche werden diese mit einer Hochgeschwindigkeitskamera aufgezeichnet. Hierbei liegt der Fokus auf der Identifikation des tatsächlichen Versagensortes. Um die im Versuch ermittelten Prüfkräfte auf einen definierten Probekörperquerschnitt beziehen zu können, muss ausgeschlossen werden, dass das Versagen des Probekörpers außerhalb des taillierten Bereiches mit parallelen Kanten auftritt.

Die Aufzeichnungen erfolgen mit einer Hochgeschwindigkeitskamera vom Typ Phantom v5.0. Die Kamera verfügt über einen Sensor, mit dem bei einer maximalen Bildauflösung von 1024 · 1024 Pixeln 1000 Bilder pro Sekunde aufgezeichnet werden können. Bei der gewählten Bildauflösung von 512 · 128 Pixeln, mit der bei ausreichender Auflösung der Glasprobekörper vollständig abgebildet wird, sind mit dieser Kamera Aufnahmen von 13 000 Bildern pro Sekunde möglich. Trotz des ideal-spröden Versagens der Glasprobekörper stehen damit ausreichend Einzelbilder zur Verfügung, um den Ort des Versagens eindeutig zu identifizieren. So kann sichergestellt werden, ob der Bruch der Probekörper jeweils vom definierten taillierten Querschnitt ausgeht und die Endbereiche der Laschenklebung sowie die Übergangsbereiche von der taillierten Probenmitte zu den Probenschultern als Ausgangsort für ein Probenversagen ausgeschlossen werden können. Die an diesen Punkten zu erwartenden Spannungskonzentrationen sind nicht maßgebend für das Versagen der in der Auswertung berücksichtigten Probekörper.

Mit Hilfe der Kamera ist also sichergestellt, dass die messtechnisch erfassten Bruchkräfte sicher auf die Prüfquerschnitte im taillierten Bereich bezogen und so die jeweiligen Bruchfestigkeiten ermittelt werden können. Bei unterschiedlichen Prüfgeschwindigkeiten mit der Hochgeschwindigkeitskamera aufgezeichnete Bruchvorgänge sind in Einzelbildern in Anhang 3 dargestellt.

6 Auswertung der Versuche

Die während der Zugversuche an Glasprobekörpern aufgezeichneten Messdaten werden hinsichtlich der Werkstoffkennwerte Elastizitätsmodul, Festigkeit, Bruchdehnung und Querkontraktionszahl in Abhängigkeit von der im jeweiligen Versuch auftretenden Dehnrate ausgewertet. Hierzu werden zunächst unterschiedliche Ansätze zur Bestimmung der Dehnrate, die Überlegungen zur Wahl der Versuchsgeschwindigkeiten, die verwendeten statistischen Methoden zur Datenauswertung sowie die Vorgehensweise bei der Messwertaufbereitung erläutert. Darauf folgen eine Übersicht aller in dieser Arbeit durchgeführten Versuche und die Auswertungen der einzelnen Versuchsserien.

6.1 Vorüberlegungen

6.1.1 Definition der Dehnrate

Bei der Definition der Dehnrate, die ein maßgebliches Kriterium für die Auswertung der Versuchsergebnisse darstellt, muss zwischen den folgenden Varianten unterschieden werden. Die nominelle technische Dehnrate $\dot{\varepsilon}_{nom}$ lässt sich nach dem Stahl-Eisen-Prüfblatt (SEP) 1230 näherungsweise über die Beziehung (Stahl2007)

$$\dot{\varepsilon}_{nom} = \frac{v_0}{L_c} \tag{6.1}$$

Ermitteln, wobei v_0 die Belastungsgeschwindigkeit, und somit die Kolbengeschwindigkeit der Prüfmaschine zum Zeitpunkt der Probenankopplung und L_c die Länge der Probe im Prüfteilbereich beschreibt. Bei der verwendeten Probekörpergeometrie ist die Bestimmung des Prüfteilbereichs aufgrund des langgezogenen Übergangsbereichs nicht eindeutig möglich. Daher wird für die durchgeführten Versuche die tatsächlich ermittelte Dehnrate $\dot{\varepsilon}(t)$ mit der Beziehung

$$\dot{\varepsilon}(t) = \frac{d\varepsilon(t)}{dt} \tag{6.2}$$

aus dem Zeitverlauf der Dehnungen bestimmt. Aufgrund der während des Versuchs gleichbleibenden Verfahrgeschwindigkeit des Maschinenkolbens und des daraus resultierenden nahezu linearen Verlaufs der Dehnungen kann die Dehnrate näherungsweise als Geradensteigung dieses Verlaufs angegeben werden mit

$$\dot{\varepsilon}(t) = \frac{\varepsilon_1 - \varepsilon_0}{t_1 - t_0}\,, \qquad 6.3$$

wobei ε_0 die Dehnung zu Beginn des Zugversuch zum Zeitpunkt t_0 und ε_1 die Dehnung zu einem späteren Zeitpunkt t_1 während des Zugversuchs im ungebrochenen Zustand bezeichnen. In der folgenden Tab. 6.1 sind die hierüber berechneten Dehnraten der Vorversuchsserien den Prüfgeschwindigkeiten des Maschinenkolbens gegenübergestellt. Für die Prüfgeschwindigkeit 2,0 m/s ergibt sich kein linearer Zusammenhang, was vermutlich auf Messungenauigkeiten zurückzuführen ist.

Tab. 6.1: Dehnrate der Vorversuche in Abhängigkeit der Prüfgeschwindigkeit

Prüfgeschwindigkeit v_{Kolben} in m/s	**Dehnrate $\dot{\varepsilon}$ in s^{-1}**
quasistatisch	$8\cdot10^{-5}$
0,1	$9\cdot10^{-2}$
0,5	$4\cdot10^{-1}$
2,0	12

6.1.2 Wahl des untersuchten Dehnratenbereichs

Zur Untersuchung der Dehnratenabhängigkeit der Werkstoffkennwerte von Kalk-Natronsilicatglas müssen zunächst die Referenz-Werkstoffkennwerte bei quasistatischer Beanspruchung bestimmt werden. Die Prüfgeschwindigkeit für die quasistatischen Referenzversuche ist hierbei an die Prüfnorm für Zugversuche an metallischen Werkstoffen angelehnt (DIN2009b). Hier werden für das „Verfahren B“ (Bestimmung der Prüfgeschwindigkeit basierend auf der Spannungsgeschwindigkeit) in Abhängigkeit des Elastizitätsmoduls des zu prüfenden Werkstoffs einzuhaltende Unter- und Obergrenzen für die Spannungszunahmegeschwindigkeiten in N/(mm²·s) für den linear-elastischen Teil der Prüfung bis zum Erreichen der Zugfestigkeit angegeben. Für Werkstoffe mit einem Elastizitätsmodul kleiner als 150 000 N/mm², zu denen das untersuchte Kalk-Natronsilicatglas zu zählen ist, muss die Spannungszunahmegeschwindigkeit demnach zwischen 2 und 20 N/(mm²·s) liegen. Bei Wahl eines Wertes von 10 N/(mm²·s) im kraftgeregelten Zugversuch ergibt sich daraus eine tatsächliche Dehnrate im Prüfbereich der Glasprobe von $8\cdot10^{-5}\ s^{-1}$.

Die Festlegung des oberen Randes des zu untersuchenden Prüfgeschwindigkeitsbereichs erfolgt in Anlehnung an eine Berechnung der maximal auftretenden Dehnraten bei Pendelschlagversuchen an bereits geprüften und zugelassenen Glasaufbauten nach den TRAV (DIBt2003). Hierzu wird ein möglichst weicher Glasaufbau mit großen Randabmessungen und damit großen zu erwartenden Verformungen mit dem Programm

SJ Mepla der SJ Software GmbH modelliert. Bei dem geprüften und zugelassenen Glasaufbau 11 nach Tabelle 2 der TRAV handelt es sich um eine monolithische VSG-Scheibe aus zwei 6 mm dicken Floatglasscheiben, die über eine 0,76 mm dicke Polyvinylbutyral(PVB)-Schicht miteinander verklebt sind. Die Abmessungen betragen 2000 mm · 1200 mm. Der Glasaufbau wird rechnerisch mit einem Pendelschlag mit der Fallhöhe 900 mm (entsprechend der Kategorie A der TRAV) beaufschlagt. Die ermittelte rechnerische Durchbiegung in Scheibenmitte beträgt hierbei etwa 30 mm bei einer maximalen Hauptzugspannung von etwa 150 N/mm².

Obwohl mit diesem Wert die rechnerisch zulässigen Zugspannungen für Floatglas nach den TRAV weit überschritten sind, wird der Verlauf der Hauptzugspannung in Feldmitte verwendet und als Zeitverlauf ausgegeben. Über den der Berechnung zugrunde liegenden Elastizitätsmodul von 70 000 N/mm² für Glas kann daraus der Zeitverlauf der Dehnungen ermittelt werden. Die Ableitung des Dehnungsverlaufs liefert den rechnerischen Verlauf der Dehnrate während des Pendelschlagversuchs und das Maximum des Dehnratenverlaufs die maximal auftretende Dehnrate, die in diesem Fall ca. 0,19 s^{-1} beträgt. Die zeitlichen Verläufe der Dehnung und der Dehnrate im rechnerischen Pendelschlagversuch sind in Abb. 6.1 dargestellt.

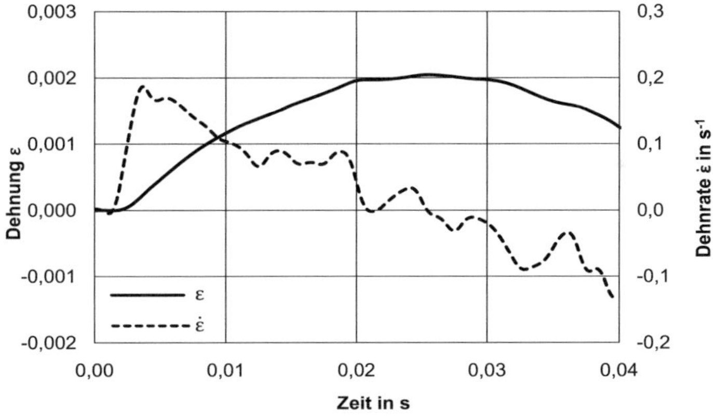

Abb. 6.1: Verlauf von Dehnung und Dehnrate im simulierten Pendelschlagversuch

Der gewählte Fokus für den Untersuchungsbereich der in dieser Arbeit durchgeführten Zugversuche liegt bei Dehnraten zwischen $8 \cdot 10^{-5}$ s^{-1} (quasistatisch) und $2 \cdot 10^{-1}$ s^{-1}. Darüber hinaus werden aber auch Versuche mit um fünffach höherer Dehnrate und größer durchgeführt. Die obere Grenze für die realisierbaren Prüfgeschwindigkeiten ergibt sich hierbei aus dem Zusammenspiel zwischen Versuchsaufbau und Messtechnik. Die untersuchten Dehnraten bewegen sich folglich im Bereich der quasistatischen und der langsamen Impaktversuche, wie in Abb. 6.2 nach Borsutzki für Stahlwerkstoffe dargestellt (Bor2009).

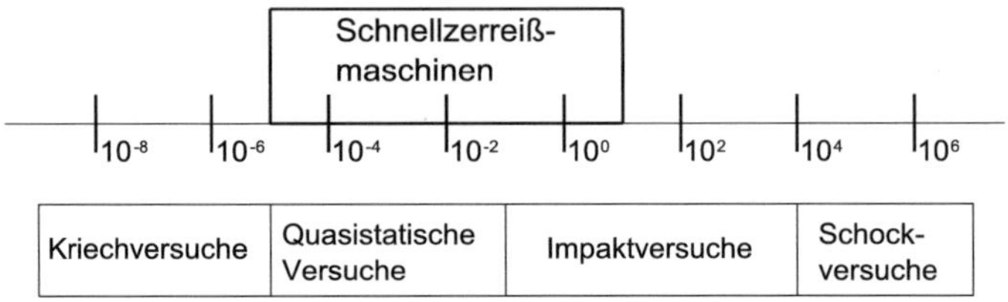

Abb. 6.2: Einteilung der Dehnratenbereiche unterschiedlicher Prüfverfahren

6.1.3 Statistische Datenauswertung

Die Auswertung der auf Grundlage der Messwerte ermittelten Werkstoffkennwerte (Festigkeit, Elastizitätsmodul, Bruchdehnung, Querdehnzahl) erfolgt mit statistischen Methoden. Hierzu werden entsprechende Wahrscheinlichkeitsverteilungen ausgewählt, die die statistische Verteilung der Messwerte für die jeweils untersuchten Werkstoffkennwerte gut abbilden. Da es sich bei Glas um einen spröden Werkstoff ohne plastische Reserven handelt und damit seine Festigkeit durch die Verteilung von Oberflächendefekten bestimmt wird, erfolgt die statistische Beschreibung der Festigkeit eines Probenumfangs üblicherweise mit der Weibull-Verteilung (Wör2001). Dies liegt darin begründet, dass die Weibull-Verteilung zu den sogenannten Extremwertverteilungen gehört, weil sie sich als Grenzverteilung für das Minimum einer großen Zahl unabhängiger Zufallsgrößen ergibt. Daher ist sie gerade für die Beschreibung eines Systems aus in Reihe geschalteten Elementen geeignet, bei dem das schwächste Glied versagensbestimmend ist (Sto2001).

Haldimann et al. weisen darauf hin, dass die Anpassungsgüte der Weibullverteilung an die Ergebnisse durchgeführter experimenteller Festigkeitsuntersuchungen bei normalen Umgebungsbedingungen erfahrungsgemäß oftmals nicht sehr gut sei, so dass für derartige Untersuchungen die Verwendung einer Log-Normal- oder Normal-Verteilung vorgeschlagen wird. Dies wird aber darauf zurückgeführt, dass die Schädigungen von Glasproben, die Umwelteinflüssen ausgesetzt waren, nicht homogen verteilt sind. Für Glasproben, die keinen Umwelteinflüssen ausgesetzt wurden (zu diesen sind die untersuchten Glasproben zu zählen), ist eine zweiparametrige Weibull-Verteilung zur Beschreibung der Festigkeit gut geeignet (Hal2008).

Die Dichtefunktion einer zweiparametrigen Weibull-Verteilung lautet (Kre2005):

$$f(x) = \alpha \cdot \beta \cdot x^{\beta-1} \cdot e^{-\alpha x^{\beta}} \qquad (x > 0) \qquad 6.4$$

mit den beiden zu bestimmenden Parametern α und β. Eine zur Analyse der Parameter geeignetere Darstellung mit den Parametern β und ϑ ist gegeben durch (Hal2008)

$$f(x) = \frac{\beta}{\vartheta}\left(\frac{x}{\vartheta}\right)^{\beta-1} \cdot e^{-\left(\frac{x}{\vartheta}\right)^{\beta}}, \qquad 6.5$$

wobei Erwartungswert μ und Varianz σ^2 der Verteilung mit

$$\mu = \vartheta \cdot \Gamma\left(1 + \frac{1}{\beta}\right) \qquad 6.6$$

und

$$\sigma^2 = \vartheta^2\left[\Gamma\left(1 + \frac{2}{\beta}\right) - \Gamma^2\left(1 + \frac{1}{\beta}\right)\right] \qquad 6.7$$

ermittelt werden können. Hierin ist Γ die Gammafunktion. Die Bestimmung der Parameter bei gegebenem Stichprobenumfang erfolgt durch Darstellung der ermittelten Festigkeiten im sogenannten Weibullnetz, einem doppelt logarithmischen Graphen, in dem die Einzelwerte bei Vorliegen einer Weibull-Verteilung als Gerade angenähert werden können (z. B. durch die Methode der kleinsten Fehler-Quadrate). Die Steigung der so ermittelten Geraden ergibt dann den Parameter β der Weibull-Verteilung. Das Programm Matlab bietet Funktionen zur Bestimmung der Weibullparameter β und ϑ sowie des Erwartungswertes und der Varianz einer weibullverteilten Stichprobe. Aus der Quadratwurzel der Varianz lässt sich dann die Standardabweichung berechnen, die in den folgenden Ergebnisdarstellungen angegeben wird. Zur Kontrolle, ob die untersuchte Stichprobe tatsächlich weibullverteilt ist, können zudem die Einzelwerte im Weibullnetz grafisch dargestellt werden. In dieser grafischen Darstellung kann dann überprüft werden, ob ihre Verteilung gut mit einem Geradenverlauf angenähert werden kann (The2008).

Für die Werkstoffkennwerte Elastizitätsmodul und Querkontraktionszahl, die nicht von der Oberflächengüte des Glases abhängig sind, wird für die statistische Auswertung eine Normalverteilung angenommen. Die Analyse erfolgt daher mit der Gaußschen Normalverteilung, deren Dichtefunktion

$$f(x) = \frac{1}{\sqrt{2\pi\sigma^2}} \cdot e^{-\frac{(x-\mu)^2}{2\sigma^2}} \qquad 6.8$$

lautet (Kre2005). Hierin sind μ der Erwartungswert und σ^2 die Varianz. Diese beiden Parameter der Gaußschen Normalverteilung gelten für die Grundgesamtheit einer Verteilung und können demzufolge aus einer Versuchsreihe mit einer beschränkten Anzahl von Versuchen nur näherungsweise bestimmt werden. Hierzu werden der Mittelwert $\overline{x}$ und die empirische Varianz s^2 der Stichprobe über die folgenden Beziehungen berechnet (Sac1997):

$$\overline{x} = \frac{1}{n} \cdot \sum_{i=1}^{n} x_i \qquad 6.9$$

$$s^2 = \frac{1}{n-1} \cdot \sum_{i=1}^{n} (x_i - \overline{x})^2 \,. \qquad 6.10$$

Damit lässt sich für eine vorliegenden Anzahl experimentell bestimmter Werte die Verteilung der Grundgesamtheit abschätzen, wobei die Genauigkeit der Abschätzung mit zunehmendem Stichprobenumfang größer wird. Im Rahmen der Auswertung der Versuchsergebnisse liegen üblicherweise zwischen 5 und 10 Ergebnisse innerhalb einer Versuchsreihe vor, auf deren Grundlage der Mittelwert und die empirische Varianz bestimmt und somit der Erwartungswert und die Standardabweichung abgeschätzt werden können.

6.1.4 Messdatenverarbeitung

Bevor die gesuchten Werkstoffkennwerte aus den gewonnenen Messdaten ermittelt werden können, müssen die während des Versuchs aufgezeichneten Rohdaten verschiedenen Bearbeitungsschritten unterzogen werden. Die mit dem Programmsystem Labview aufgezeichneten Daten werden zu diesem Zweck in das Datenanalyseprogramm Diadem der Firma National Instruments eingelesen. Hier erfolgt zunächst eine visuelle Kontrolle der aufgezeichneten Messkanäle auf Konsistenz der Messschriebverläufe der DMS-Messungen 1 bis 4. Im nächsten Schritt wird der DMS-Kanal 1 derart im zeitlichen Ablauf verschoben, dass Beginn und Ende des Signals mit den Messschriebverläufen der DMS 2 bis 4 übereinstimmen (vgl. Abschnitt 6.3.3). Hierbei werden sowohl die Position des DMS 1-Signals auf der Zeitachse als auch seine Länge geringfügig modifiziert, um eine Übereinstimmung mit den übrigen Messkanälen zu erzeugen. Die Neuberechnung der einzelnen Abtastpunkte des bereits digitalisierten Signals des DMS 1 erfolgt über einen Interpolationsalgorithmus aus den vorhandenen Abtastpunkten. Parallel werden in diesem Bearbeitungsschritt Vor- und Nachlaufbereiche aller gemessenen Kanäle abgeschnitten.

In Diadem werden die vier gemessenen DMS-Kanäle mit einer Auswerteroutine bearbeitet, die zunächst alle Messschriebverläufe einer Tiefpassfilterung unterzieht, um höherfrequente Rauschanteile der Messsignale zu eliminieren. Die Grenzfrequenz der Tiefpassfilterung wird dabei in Abhängigkeit von der jeweils verwendeten Aufzeichnungs-Abtastrate so gewählt, dass keine wesentlichen Informationen aus den Messschriebverläufen gelöscht werden. Über die Wheatstonesche Brückengleichung und den für die Kraftmessung zuvor ermittelten Kalibrierfaktor werden dann aus den gemessenen Spannungssignalen die physikalischen Größen Kraft und Dehnung berechnet.

Im nächsten Bearbeitungsschritt erfolgt eine Kompensation der im Versuch aufgetretenen und aufgezeichneten Biegeanteile durch Mittelung der Dehnungsverläufe aus DMS 2 und DMS 3. Hierbei ist zu erwähnen, dass lediglich in den Versuchen der Serie D maßgebliche Biegeanteile festgestellt werden konnten, die aus der Imperfektion der Probekörper resultieren (vgl. Abschnitte 5.1.7 und 6.3.4). In allen anderen Versuchsserien sind die Biegeanteile minimal. Die vollständig gelenkige Ankopplung der Probekörper an die Prüfmaschine ist demnach erfolgreich gelungen.

Um auch geringfügige Biegeanteile zu eliminieren, wird für alle Versuche aus dem Verhältnis beider Längsmessungen eine Korrekturfunktion gebildet, die bei der Berechnung der Querkontraktionszahl Berücksichtigung findet. Diese Vorgehensweise scheint geboten, weil eine Querdehnungsmessung nur einseitig auf der Probe (mit DMS 4) durchgeführt wird. Eine beidseitige Querdehnungsmessung ist nicht erforderlich. Die Querkontraktionszahl wird nun durch eine Mittelbildung des Querdehnungsverlaufs berechnet. Sie dient im Rahmen der Messdatenauswertung als Kontrollwert für die Dehnungsmessung. Liegt der berechnete Wert nicht im Bereich des zu erwartenden und für Glas geregelten Wertes von 0,23, wird die Dehnungsmessung im entsprechenden Versuch als fehlerhaft bewertet und die Ergebnisse gehen nicht in die Auswertung ein. Dies ist lediglich bei zwei Versuchen der Fall, für alle anderen Versuche kann eine gute Übereinstimmung der gemessenen Querkontraktionszahl mit dem genannten Wert erzielt werden.

Aus der Kraftmessung (kalibrierter DMS 1) wird in der Bearbeitungsroutine über die Beziehung

$$\sigma = \frac{F}{A} \qquad 6.11$$

aus dem gemessenen Kraftverlauf F, bezogen auf die Probenquerschnittsfläche A im taillierten Bereich (vgl. Abschnitt 5.1.6), der Spannungsverlauf σ während des Versuchs ermittelt. Die Beziehung 6.11 wird dabei für das ideal linear elastische Werkstoffverhalten des untersuchten Kalk-Natronsilicatglases als uneingeschränkt gültig bis zum Versagen angenommen. Da keine Einschnürungen auftreten, bleibt die Probenquerschnittsfläche für den gesamten Zeitverlauf des Versuchs konstant, die Einflüsse aus der Querkontraktion können vernachlässigt werden.

Aus dem errechneten Spannungs- und Dehnungsverlauf wird im Programm Diadem eine Regressionsfunktion gebildet, für deren Ansatzfunktion eine Geradengleichung gewählt wird. Die Bestimmung der Regressionsgeraden erfolgt programmintern über die Methode der kleinsten Fehlerquadrate nach Gauß. Als Ergebnis werden zwei neue Kanäle angelegt, die eine vorher zu wählende Anzahl von Wertepaaren der Regressionsgeraden enthalten. Darüber hinaus können die Geradensteigung, der y-Achsenabschnitt sowie das Bestimmtheitsmaß abgelesen werden. Alternativ kann die Steigung der Spannungs-Dehnungs-Beziehung durch vereinfachte Bildung eines Sekantenmoduls bestimmt werden. Hierzu wird der Quotient aus maximaler Spannung und maximaler Dehnung gebildet. Dieser Wert wird im Ausnahmefall für die weitere Auswertung verwendet, wenn der Verlauf der Spannungs-Dehnungs-Beziehung so ungünstig durch Schwingungen aus dem Versuchsaufbau überlagert ist, dass die Steigung der Regressionsgeraden keinen sinnvollen Wert liefert.

Alle Ergebnisse werden, zusammen mit dem über eine programminterne Maximumsuche ermittelten Spannungs- und Dehnungsmaximum und der Querkontraktionszahl in einem Ergebniskanal abgespeichert, aus dem sie für weitere Anwendungen leicht ausgelesen werden können. Bei diesen Werten handelt es sich um den Elastizitätsmodul (Geradensteigung der Regressionsgeraden im Spannungs-Dehnungsverlauf), die Festigkeit (Maximum des Spannungsverlaufs), die Querkontraktionszahl, die Bruchdehnung (Maximum des gemittelten Längsdehnungsverlaufs) und als weitere Kontrollwerte den y-Achsenabschnitt sowie das Bestimmheitsmaß der Regressionsgerade im Spannungs-Dehnungs-Verlauf (Nat2004).

Die Messschriebverläufe sowie die Verläufe der berechneten Größen werden innerhalb der Auswertungsroutine im Modul VIEW des Programms Diadem, das eine Datensichtung aller vorhandenen Kanäle mit Graphen und Kanaltabellen bietet, auf Plausibilität überprüft. Fehler in der Messdatenaufzeichnung können so gefunden und, falls erforderlich, der entsprechende Versuch bei der Auswertung unberücksichtigt gelassen werden. Die Vorgehensweise bei der Messdatenverarbeitung ist für alle in dieser Arbeit durchgeführten Versuche gleich, wobei bei quasistatischen Versuchen und Versuchen mit sehr niedrigen Dehnraten auf eine Korrektur des DMS 1-Signals verzichtet werden kann, da kein messbarer Zeitversatz vorliegt.

Nach Berechnung der zu untersuchenden Werkstoffkennwerte für alle Einzelversuche werden die Ergebnisse für jede Probengruppe, in der die Probekörper mit gleicher Dehnrate geprüft werden, mit den in Abschnitt 6.1.3 erläuterten statistischen Verfahren ausgewertet. Zu jeder Probengruppe werden hierbei der Mittelwert oder Erwartungswert der Stichprobe sowie die Stichprobenstandardabweichung zur Beurteilung der Streuung der Einzelwerte berechnet. Bei sehr großen Abweichungen, die bei Fehlern in der Messdatenaufzeichnung auftreten können, werden Einzelwerte einer Stichprobe als Ausreißer bewertet und nicht in die statistische Auswertung mit einbezogen. In den Darstellungen der statistischen Kennwerte der untersuchten Werkstoffkennwerte werden im Folgenden nur noch die Bezeichnungen μ (für den Erwartungswert) und s (für die Standardabweichung) verwendet, da angenommen wird, dass die auf Grundlage der Stichprobe ermittelten Werte die angenäherten Werte der Grundgesamtheit wiedergeben.

6.2 Zusammenstellung der durchgeführten Versuche

Die experimentellen Untersuchungen im Rahmen dieser Arbeit gliedern sich in die vier Versuchsserien A, B, C und D. Hierbei bezeichnen A und B Vorversuchsserien, in denen jeweils der Einfluss der Oberflächenbeschaffenheit und der Dicke der Glaszugprobekörper auf die Streuung der Versuchsergebnisse untersucht wird. In der Hauptversuchsserie C werden 65 Glaszugprobekörper im quasistatischen Zugversuch und in Zugversuchen mit Dehnraten größer Null bis zum Bruch belastet, wobei der Dehnungs- und der Kraftverlauf während des Zugversuchs aufgezeichnet werden.

Darüber hinaus werden an Probekörpern der Versuchsserie C Untersuchungen zum Einfluss des Versuchsaufbaus auf Versatzzeiten in den Messungen durchgeführt, da die Ergebnisse der Versuchsserien A und B zeigen, dass das Signal für die Kraftmessung mit dem DMS an der oberen Einspannung einen zeitlichen Versatz zu den Dehnungsmessungen in Probenmitte aufweist. Daher werden sechs Probekörper mit über die Probenlänge im Abstand von jeweils 50 mm applizierten DMS geprüft. Die Anordnung der DMS ist in Abb. 6.3 dargestellt.

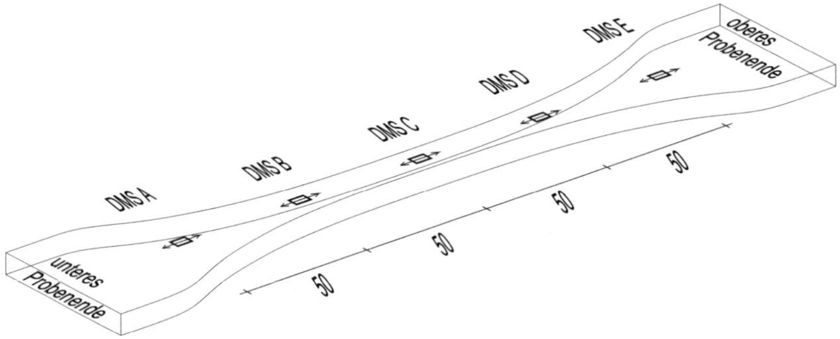

Abb. 6.3: Position der fünf DMS zur Ermittlung von Versatzzeiten der Messwerte

In der zweiten Hauptversuchsserie D werden statische und Hochgeschwindigkeitszugversuche mit verschiedenen Dehnraten an thermisch auf ESG-Qualität vorgespannten Probekörpern durchgeführt.

Eine Übersicht aller im Rahmen dieser Arbeit durchgeführten Versuche gibt Tab. 6.2. Hierin werden die Untersuchungsschwerpunkte der Versuchserien A, B, C und D, die jeweilige Anzahl der Probekörper sowie die verwendeten Prüfgeschwindigkeiten aufgelistet. Eine vollständige Auflistung aller untersuchten Zugprobekörper findet sich in Anhang 2. Dort werden zu jedem Probekörper der einzelnen Versuchsreihen die experimentell bestimmten Werkstoffkennwerte Elastizitätsmodul, Zugfestigkeit, Bruchdehnung und Querkontraktionszahl angegeben.

Tab. 6.2: Übersicht der Versuchsserien mit Glaszugprobekörpern aus Floatglas

Versuchsserie	Beschreibung der untersuchten Probekörper
A	Vorversuchsserie I: Untersuchungsschwerpunkt: Oberflächenzustand Untersuchung von Zugprobekörpern aus Floatglas der Glasdicke 5 mm mit unbehandelter, flusssäuregeätzter und gestrahlter Oberfläche Anzahl der Probekörper: 14 Stk. unbehandelt 17 Stk. gestrahlt 16 Stk. flusssäuregeätzt Prüfung jeweils mit den Prüfgeschwindigkeiten 0,1 / 0,5 / 2,0 m/s
B	Vorversuchsserie II: Untersuchungsschwerpunkt: Glasdicke Untersuchung von Zugprobekörpern aus Floatglas mit unbehandelter Oberfläche, Glasdicken 5, 8 und 10 mm Anzahl der Probekörper: 14 Stk. 5 mm (s. Serie A) 20 Stk. 8 mm 25 Stk. 10 mm Prüfung jeweils mit den Prüfgeschwindigkeiten 0,1 / 0,5 / 2,0 m/s
C	Hauptversuchsserie I: Bestimmung der Dehnratenabhängigkeit der Werkstoffkennwerte Festigkeit und Elastizitätsmodul Untersuchung von Zugprobekörpern aus Floatglas mit der Glasdicke 8 mm mit unbehandelter Oberfläche Anzahl der Probekörper: 65 Stk. Prüfung von jeweils 5 bis 10 Probekörpern quasistatisch und mit den Prüfgeschwindigkeiten 0,001 / 0,01 / 0,05 / 0,1 / 0,25 / 0,5 / 0,75 / 2,0 m/s Nebenversuchsserie: zusätzlich je zwei Probekörper mit den Prüfgeschwindigkeiten 0,5 / 2,0 / 4,0 m/s mit mehreren DMS-Messorten
D	Hauptversuchsserie II: Bestimmung der Dehnratenabhängigkeit der Werkstoffkennwerte Festigkeit und Elastizitätsmodul Untersuchung von Zugprobekörpern aus ESG mit der Glasdicke 8 mm mit unbehandelter Oberfläche Anzahl der Probekörper: 19 Stk. Prüfung von jeweils 5 Probekörpern quasistatisch und mit den Prüfgeschwindigkeiten 0,1 / 0,5 / 0,75 m/s

6.3 Ergebnisse der experimentellen Untersuchungen

6.3.1 Auswertung der Vorversuchsserie A

In Vorversuchsserie A wird der Einfluss des Oberflächenzustands auf die Messdatenaufzeichnung bei den durchgeführten Hochgeschwindigkeitszugversuchen untersucht. Zu diesem Zweck werden Glaszugprobekörper der Dicke 5 mm mit unbehandelter Oberfläche, flusssäuregeätzter Oberfläche und durch Strahlen geschädigter Oberfläche geprüft. Der zu erwartende Einfluss des Oberflächenzustands auf die Zugfestigkeit f_t des Kalk-Natronsilicatglases lässt sich anhand der Versuchsergebnisse klar nachweisen. Während die durch Flusssäureätzung von Oberflächen-Störstellen befreiten Probekörper gegenüber den unbehandelten Probekörpern im Mittel über 60 % höhere Zugfestigkeiten aufweisen, führt die Vorschädigung bei den durch Strahlen mit Korund behandelten Oberflächen zu einem deutlichen Rückgang der Zugfestigkeit auf etwa die Hälfte gegenüber unbehandelten Probekörpern.

Bei den Versuchen mit vorgeschädigten Probekörpern waren die Prüfkräfte teilweise so gering, dass mit den zur Verfügung stehenden Kraftmessvorrichtungen keine auswertbaren Kraftverläufe mehr aufgezeichnet werden konnten. Darüber hinaus war die Dehnungsmessung bei den Versuchen an durch Korundstrahlen vorgeschädigten Probekörpern mit Prüfgeschwindigkeiten von 0,5 m/s nur eingeschränkt und von 2,0 m/s nicht erfolgreich, so dass eine statistische Auswertung nur für die Prüfgeschwindigkeit 0,1 m/s durchgeführt wird. Generell lieferte die Kraftmessung bei allen Versuchen der Serie A mit der Prüfgeschwindigkeit 2,0 m/s keine verwertbaren Messdaten, so dass für diese Versuche lediglich die Bruchdehnungen ε_u ausgewertet werden.

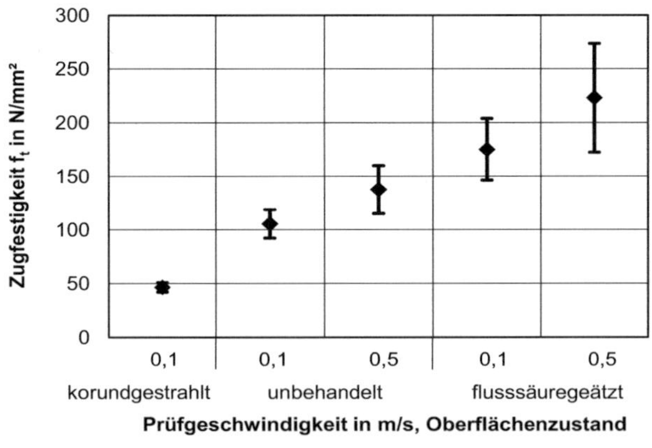

Abb. 6.4: Statistische Auswertung der Zugfestigkeit f_t für die Vorversuchsserie A

In den Abb. 6.4 und 6.5 werden die in den einzelnen Probekörperreihen ermittelten Erwartungswerte und Standardabweichungen der Zugfestigkeiten und Bruchdehnungen für die jeweils auswertbaren Messdaten grafisch dargestellt. Sehr deutlich sind die Abnahme der Zugfestigkeit bei einer Vorschädigung der Glasoberfläche sowie ihre Zunahme bei einer Flusssäureätzung der Glasoberfläche zu erkennen.

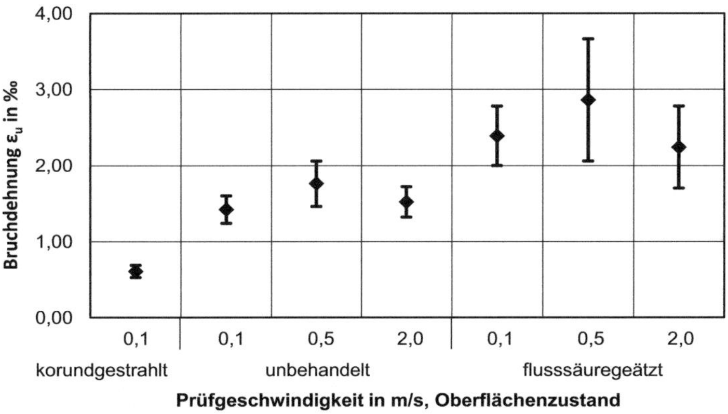

Abb. 6.5: Statistische Auswertung der Bruchdehnung ε_u für die Vorversuchsserie A

In Tab. 6.3 wird eine Übersicht der statistischen Auswertung der gemessenen Werkstoffkennwerte gegeben. Um einen Vergleich der Standardabweichungen $\sigma(x)$ bei unterschiedlichen Erwartungswerten $\mu(x)$ zu ermöglichen, wird der empirische Variationskoeffizient VarK(x) als Quotient aus Standardabweichung und Erwartungswert gebildet und als prozentualer Wert angegeben. Der Vergleich der Variationskoeffizienten für unterschiedliche Oberflächenbeschaffenheiten zeigt deutlich, dass eine Reduzierung der Streuungen für die gemessenen Werkstoffkennwerte über eine Verbesserung der Oberfläche durch Flusssäureätzung nicht erzielt werden kann. Die etwas geringere Streuung bei den Versuchen mit vorgeschädigten Probekörpern rechtfertigt den zusätzlichen Aufwand nicht.

Darüber hinaus zeigen die Hochgeschwindigkeitsaufnahmen, dass bei den mit Korund gestrahlten Probekörpern das Versagen im Hochgeschwindigkeitszugversuch oftmals nicht an der schmalsten Probenstelle im Taillierungsbereich auftritt. Da die Schädigung prozessbedingt nicht vollständig homogen auf der gesamten Probenoberfläche eingestellt werden kann, werden versagensbestimmende Kerben zum Teil auch außerhalb des Prüfbereichs erzeugt. Das Strahlen mit Korund, das in der Literatur zur einheitlichen Vorschädigung von Glasproben beschrieben wird, wird daher als nicht geeignet für die gewählte Probengeometrie angesehen. Die Ergebnisse der Vorversuchsserie A führen daher zu der Entscheidung, für die Probekörper der Hauptversuchsserien C und D die Variante ohne Oberflächenbehandlung zu wählen.

Tab. 6.3: Streuung der Werkstoffkennwerte in Abhängigkeit der Oberflächengüte

Oberflächenbeschaffenheit		unbehandelt			flusssäuregeätzt			korundgestrahlt
Prüfgeschwindigkeit in m/s		0,1	0,5	2,0	0,1	0,5	2,0	0,1
Festigkeit in N/mm^2	$\mu(f_t)$	105,4	137,5	-	175,0	223,0	-	46,4
	$\sigma(f_t)$	13,3	22,5	-	28,8	50,7	-	4,4
	$VarK(f_t)$ *)	12,6	16,4	-	16,5	22,7	-	9,5
Bruchdehnung in ‰	$\mu(\varepsilon_u)$	1,42	1,76	1,52	2,39	2,86	2,24	0,61
	$\sigma(\varepsilon_u)$	0,18	0,30	0,20	0,39	0,80	0,54	0,08
	$VarK(\varepsilon_u)$ *)	12,7	17,0	13,2	16,3	28,0	24,1	13,1
Probenanzahl		5	5	4	7	5	4	7

*) VarK(x) in Prozent = $(\sigma(x)/\mu(x))\cdot 100$

6.3.2 Auswertung der Vorversuchsserie B

In der Vorversuchsserie B wird der Einfluss der Glasdicke auf den Versuchsablauf und die Messdaten der Glaszugversuche untersucht. Zu diesem Zweck werden Probekörperreihen ohne Oberflächenbehandlung der Glasdicke 5 mm (s. Vorversuchserie A), 8 mm und 10 mm im Hochgeschwindigkeitszugversuch mit Prüfgeschwindigkeiten von 0,1, 0,5 und 2,0 m/s bis zum Versagen geprüft. Eine grafische Auswertung der statistisch ermittelten Erwartungswerte und Standardabweichungen für Zugfestigkeiten und Bruchdehnungen zeigen Abb. 6.6 und Abb. 6.7. Wie schon für die Vorversuchsserie A kann das Kraftsignal für die Prüfgeschwindigkeit 2,0 m/s wegen Problemen mit der Kraftmessung nicht ausgewertet werden, die Zugfestigkeiten für diese Prüfgeschwindigkeit werden daher nicht angegeben.

Eine Erhöhung der Zugfestigkeit des Glases um ca. 30 % bei einer Erhöhung der Prüfgeschwindigkeit von 0,1 auf 0,5 m/s kann im Rahmen der Vorversuchsserie B nur für die Glasdicken 5,0 und 10,0 mm nachgewiesen werden. Für die 8,0 mm dicken Glasproben reduziert sich die Zugfestigkeit dagegen um ca. 30 %. Aufgrund des geringen Stichprobenumfangs können diese Aussagen jedoch nicht verallgemeinert werden. Die zur Untersuchung der Dehnratenabhängigkeit der Werkstoffkennwerte erforderliche Anzahl von Versuchen wird in den Versuchsserien C und D durchgeführt.

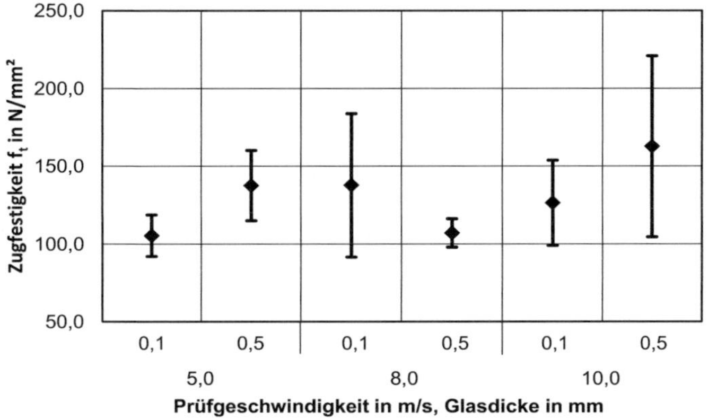

Abb. 6.6: Statistische Auswertung der Zugfestigkeit f_t für Vorversuchsserie B

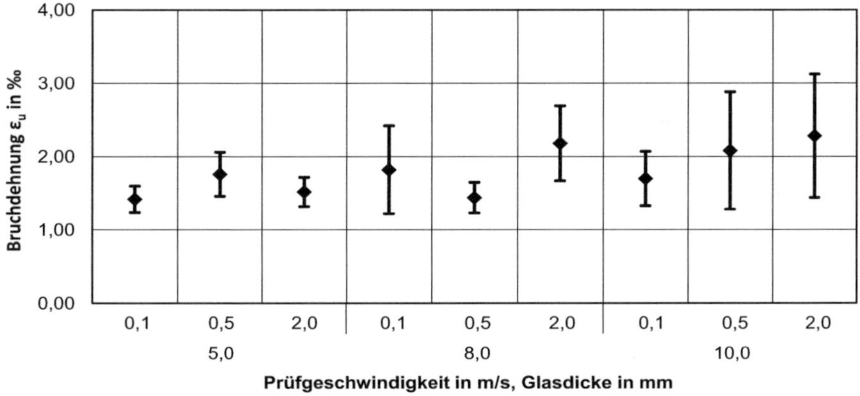

Abb. 6.7: Statistische Auswertung der Bruchdehnung ε_u für Vorversuchsserie B

Tab. 6.4 gibt eine Übersicht der Erwartungswerte und Standardabweichungen der Werkstoffkennwerte Zugfestigkeit und Bruchdehnung für die Probenreihen zur Untersuchung des Glasdickeneinflusses. Es wird deutlich, dass die Streuung, ausgedrückt durch den Variationskoeffizienten in Prozent, für die Glasdicke 5,0 mm am geringsten ausfällt, während sie für die Glasdicke 10,0 mm am größten ist, eine Erklärung hierfür kann nicht gegeben werden. Für die Glasdicke 8,0 mm fällt die Streuung speziell bei der Versuchsreihe mit einer

Prüfgeschwindigkeit von 0,1 m/s verhältnismäßig hoch aus, für die übrigen Prüfgeschwindigkeiten liegt der Variationskoeffizient verglichen mit den anderen Glasdicken im unteren bis mittleren Bereich.

Bei der Wahl der Glasdicke für die Hauptversuchsserie wird neben den Ergebnissen der Vorversuchsserie das Kriterium der Probenfertigung berücksichtigt. Da die Prozessparameter für die Fertigung der Glasprobekörper mit dem MLBA-Verfahren bei einer Glasdicke von 8,0 mm am besten eingestellt werden können und somit die Geometrie des Taillierungsbereichs sehr gut reproduzierbar ist, werden für die Hauptversuchsserien Probekörper der Dicke 8,0 mm verwendet, obwohl die Vorversuchsserie B für die Glasdicke 5,0 mm geringer streuende Versuchsergebnisse liefert.

Tab. 6.4: Streuung der Werkstoffkennwerte in Abhängigkeit der Glasdicke

Glasdicke in mm		**5,0**			**8,0**			**10,0**		
Prüfgeschwindigkeit in m/s		**0,1**	**0,5**	**2,0**	**0,1**	**0,5**	**2,0**	**0,1**	**0,5**	**2,0**
Festigkeit in N/mm²	$\mu(f_t)$	105,4	137,5	-	137,8	107,1	-	126,4	162,7	-
	$\sigma(f_t)$	13,3	22,5	-	46,1	9,1	-	27,3	58,2	-
	VarK(f_t) *)	12,6	16,4	-	33,5	8,5	-	21,6	35,8	-
Bruchdehnung in ‰	$\mu(\varepsilon_u)$	1,42	1,76	1,52	1,82	1,44	2,18	1,70	2,08	2,28
	$\sigma(\varepsilon_u)$	0,18	0,30	0,20	0,60	0,21	0,51	0,37	0,80	0,84
	VarK(ε_u) *)	12,7	17,0	13,2	33,1	14,6	23,4	21,7	38,5	36,8
Probenanzahl		5	5	4	5	6	8	9	7	7

*) VarK(x) in Prozent = $(\sigma(x)/\mu(x))\cdot 100$

Eine Durchsicht der Hochgeschwindigkeitsaufzeichnungen von Versuchen der Vorversuchsserie B zeigt keine auffälligen Unterschiede im Bruchverhalten in Abhängigkeit der Glasdicke. Für alle drei Dicken konnten mit der gewählten Geometrie die Versagensorte im Zugversuch im Wesentlichen auf die Probenmitte begrenzt werden. Die optimierte Probekörpergeometrie kann damit als geeignet für alle in dieser Arbeit untersuchten Glasdicken bewertet werden.

6.3.3 Auswertung der Hauptversuchsserie C

Wie in der Übersicht zu den durchgeführten Versuchen bereits beschrieben, wird zu Beginn der Hauptversuchsserie C zunächst innerhalb einer Nebenversuchsserie der Zeitversatz untersucht, der aus dem Abstand der Messorte innerhalb des Versuchsaufbaus resultiert. Die Auswertung der Messwerte für die untersuchten Prüfgeschwindigkeiten 0,5, 2,0 und 4,0 m/s zeigt, dass ein nachweisbarer Zeitversatz in den von den DMS gemessenen Dehnungssignalen identifiziert werden kann. Eine Übersicht der gemessenen Zeitversätze in Abhängigkeit der gewählten Prüfgeschwindigkeiten und der daraus resultierenden im Werkstoff gemessenen Dehnraten bei DMS C (gemittelt über den gesamten Zugversuch) zeigt Tab. 6.5. Die Messschriebe der DMS A bis E (nach Abb. 6.3) für die Probekörper C201 bis C206 sind in Abb. 6.8 dargestellt. Gezeigt wird jeweils der Beginn des Ausschlags des Messsignals, also der Beginn der Glasdehnung im Bereich des jeweiligen DMS.

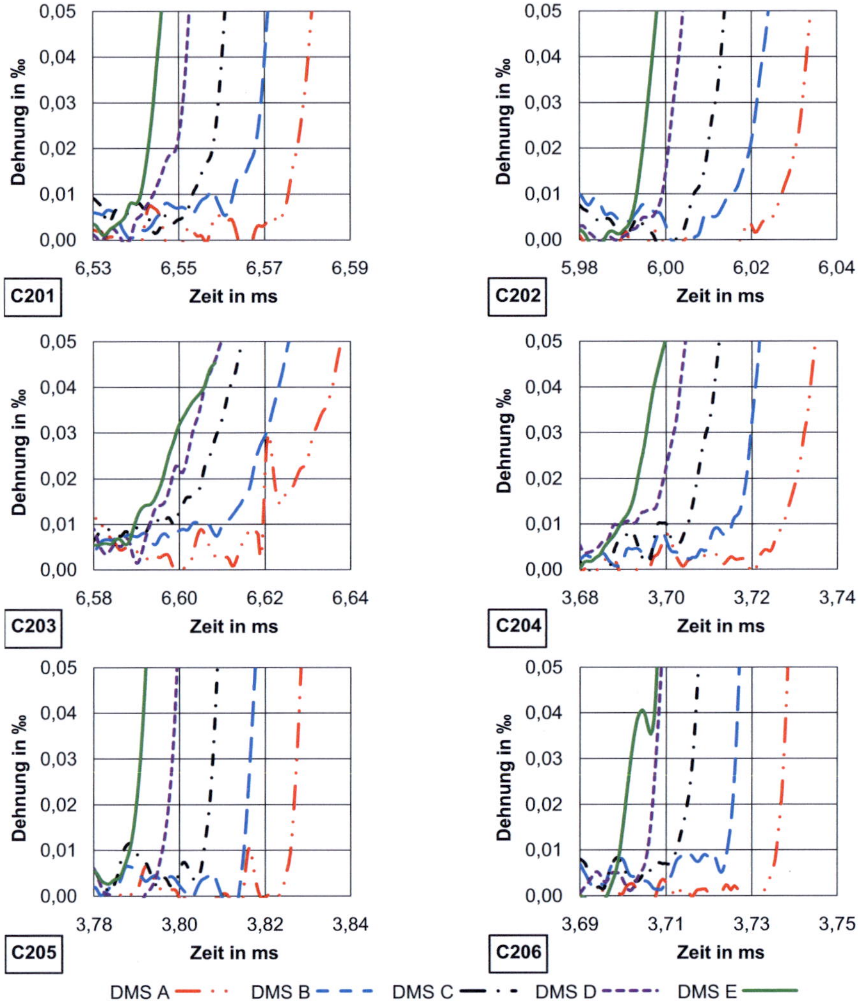

Abb. 6.8: Zeitversätze der Messdaten bei über die Probenlänge verteilten DMS

Tab. 6.5: Zeitversätze der Messwerte für verschiedene Prüfgeschwindigkeiten

Probe Nr.	**Prüfgeschwindigkeit v in m/s**	**Dehnrate $\dot{\varepsilon}$ in s^{-1}**	**Zeitversatz je 50 mm gemittelt Δt in s**
C201	0,5	0,31	$7{,}4\cdot10^{-6}$
C202	0,5	0,45	$9{,}2\cdot10^{-6}$
C203	2,0	8,9	$8{,}7\cdot10^{-6}$
C204	2,0	7,5	$7{,}5\cdot10^{-6}$
C205	4,0	57,5	$9{,}5\cdot10^{-6}$
C206	4,0	35,4	$9{,}1\cdot10^{-6}$

Es lässt sich auf Grundlage dieser Untersuchungen schlussfolgern, dass die Beanspruchung des Glasprobekörpers in Form einer Dehnungswelle erfolgt, deren Geschwindigkeit offensichtlich nicht von der Kolbengeschwindigkeit der Prüfmaschine beim Einkoppeln der Probenaufnahme abhängig ist. Es ist vielmehr davon auszugehen, dass die Ausbreitungsgeschwindigkeit der Dehnung im Probekörper werkstoffspezifisch ist und von der jeweiligen Dehnrate, die bei der vermuteten Dehnwelle der Auslenkungsgeschwindigkeit entspräche, nicht beeinflusst wird. Da die Kraftmessung mit kalibrierten DMS an der Einspannung etwa 220 mm oberhalb der Probenmitte erfolgt, ist davon auszugehen, dass die in den Vorversuchsserien A und B festgestellten Zeitversätze in den Messdaten aus der endlichen Geschwindigkeit der Dehnwelle im Prüfsystem und im Probekörper resultieren. In dieser Arbeit werden jedoch keine Untersuchungen zur Ausbreitung der Dehnung in den Werkstoffen Stahl (Einspannung, Laschen des Probekörpers) und Polyurethan-Klebstoff (Laschenklebung) durchgeführt. Daher können die theoretischen Zeitversätze der Messsignale für definierte Prüfgeschwindigkeiten nicht quantifiziert werden.

Beim Vergleich der Messsignale der DMS A bis E lässt sich darüber hinaus feststellen, dass der Signalabfall beim Versagen der Probe nicht mit denselben Zeitversätzen wie beim ersten Ausschlag der Dehnungssignale registriert wird. Dies liegt daran, dass der Versagensort am Probekörper üblicherweise in der taillierten Probenmitte liegt und daher die Lastrücknahme nicht wie die Lastaufbringung vom oberen Probenende ausgeht (hierdurch zeigt DMS E, dessen Position dem oberen Probenende am nächsten ist, als erster DMS einen Signalausschlag). Auch beim plötzlichen Lastabfall durch den Bruch des Probekörpers breitet sich daher der Dehnungs- und damit Spannungsabfall in einem zeitlichen Ablauf über die Probekörperbruchhälften aus. Grundsätzlich können hiermit eindeutig Einflüsse aus dem Ort der Messung im Prüfsystem auf den zeitlichen Versatz der Messsignale nachgewiesen werden. Dies rechtfertigt, bei der Auswertung der Versuchsserien den Kanal für die Kraftmessung nachträglich so im Zeitbereich zu verschieben und zu stauchen, dass ein zeitlicher Versatz der Kraft- und Dehnungssignale zueinander eliminiert wird.

Innerhalb der Hauptversuchsserie C wird systematisch die Abhängigkeit der Werkstoffkennwerte Elastizitätsmodul und Festigkeit des verwendeten Kalk-Natronsilicatglases von der auftretenden Dehnrate untersucht, die sich im Werkstoff als Folge von nicht statischen Beanspruchungen ergibt. Hierzu werden mit dem bereits für die Vorversuchsserien A und B verwendeten Versuchsaufbau 65 Glasprobekörper bei unterschiedlichen Prüfgeschwindigkeiten im Zugversuch bis zum Bruch belastet. Die aufgebrachten Prüfgeschwindigkeiten sowie die daraus im Werkstoff resultierenden tatsächlichen Dehnraten sind in Tab. 6.6 aufgelistet. Die Dehnraten sind jeweils als Mittelwert der innerhalb einer Probenreihe berechneten Dehnraten angegeben. Für jeden Probekörper erfolgt die Bestimmung der jeweiligen Dehnrate durch Ableitung des gemessenen Dehnungssignals über den zeitlichen Verlauf des Versuchs und anschließende Mittelung. Der Vergleich der Prüfgeschwindigkeit des Maschinenkolbens mit der im Werkstoff gemessenen Dehnrate zeigt deutlich den nahezu linearen Zusammenhang auf, lediglich für die schnellste Prüfgeschwindigkeit von 2,0 m/s nimmt die gemessene Dehnrate nichtlinear zu. Hierbei sind allerdings die Messunsicherheiten zu berücksichtigen, die bei dieser Versuchsreihe auftreten.

Tab. 6.6: Prüfgeschwindigkeiten und tatsächlich auftretende Dehnraten der Serie C

Probekörper-bezeichnung	Prüfgeschwindigkeit v_{Kolben} in m/s	Dehnrate $\dot{\varepsilon}$ in s^{-1}
C01 bis C10	quasistatisch	$9{,}5 \cdot 10^{-5}$
C11 bis C19	0,001	$1{,}2 \cdot 10^{-3}$
C20 bis C27	0,01	$1{,}0 \cdot 10^{-2}$
C28 bis C35	0,05	$4{,}7 \cdot 10^{-2}$
C36 bis C43	0,1	$9{,}0 \cdot 10^{-2}$
C44 bis C49	0,25	0,22
C50 bis C55	0,5	0,48
C56 bis C60	0,75	1,02
C61 bis C65	2,0	14,6

Für die Hauptversuchsserie C werden die Erwartungswerte und Standardabweichungen der Festigkeit f_t und des Elastizitätsmoduls E der einzelnen Probenreihen bei gleicher Prüfgeschwindigkeit errechnet. Die Ergebnisse sind in den folgenden Abb. 6.9 und 6.10 und als Übersicht in Tab. 6.7 dargestellt. Beim Vergleich der Erwartungswerte der Zugfestigkeiten ist – mit Einschränkungen durch die verhältnismäßig großen Standardabweichungen – ein klarer Trend zum Anstieg der Werte mit steigenden Dehnraten erkennbar. Dieser Zusammenhang ist bekannt und auch für andere Werkstoffe belegt (vgl. Kapitel 4). Beim Vergleich der Erwartungswerte für den Elastizitätsmodul fällt darüber hinaus auf, dass ab einem Prüfgeschwindigkeitsbereich oberhalb von 0,1 m/s (entspricht ca. $\dot{\varepsilon}$ = 0,1 s^{-1}) bis zur gewählten Prüfgeschwindigkeit von 0,75 m/s (entspricht $\dot{\varepsilon}$ = 1,0 s^{-1}) auf Grundlage der Messdaten eine signifikante Erhöhung des Elastizitätsmoduls von ca. 75 000 N/mm² auf ca. 83 000 N/mm² festgestellt werden kann.

Die Ergebnisse für die Prüfgeschwindigkeit 2,0 m/s werden bei der Entwicklung eines Modells zur Beschreibung des dehnratenabhängigen Werkstoffverhaltens des untersuchten Kalk-Natronsilicatglases aufgrund der Unsicherheiten in der Messdatenaufzeichnung und -auswertung (vgl. Vorversuchsserien A und B) nicht berücksichtigt. Diese Unsicherheiten spiegelt auch der große Wert für die Standardabweichung des Elastitzitätsmoduls wider. Die Ergebnisse werden daher in den folgenden Abbildungen nicht aufgeführt. Da sie jedoch den Trend eines mit steigender Dehnrate zunehmenden Elastizitätsmoduls zusätzlich belegen, werden sie in Tab. 6.7 angegeben.

In der folgenden Abb. 6.9 sind die Zugfestigkeiten der einzelnen Probenreihen mit ihren jeweiligen Standardabweichungen über der jeweils im Werkstoff auftretenden Dehnrate (hier im logarithmischen Maßstab aufgetragen) dargestellt. Obwohl aufgrund der begrenzten Anzahl untersuchter Probekörper verhältnismäßig große Standardabweichungen vorliegen, ist die Zunahme der versagensauslösenden Spannung bei einaxialer Zugbeanspruchung mit steigender Dehnrate deutlich erkennbar. Für die in dieser Arbeit durchgeführten Versuchsreihen kann eine Steigerung der Zugfestigkeit von etwa 110 N/mm² bei quasistatischer Beanspruchung um etwa 80 % auf einen Wert von ca. 200 N/mm² bei einer Dehnrate von 1 s^{-1} nachgewiesen werden.

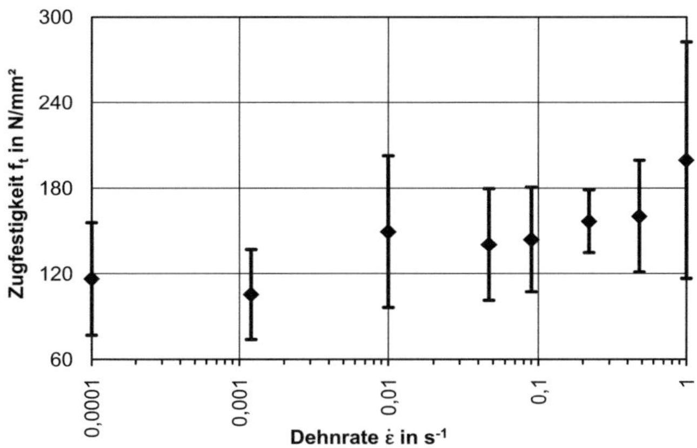

Abb. 6.9: Dehnratenabhängigkeit der Zugfestigkeit f_t für die Hauptversuchsserie C

Die Beschreibung der dehnratenabhängigen Festigkeit erfolgt in Kapitel 8 über einen einfachen logarithmischen Zusammenhang, der einem Geradenverlauf in der Darstellung mit logarithmischer Teilung der Abszisse entspricht. Der Vergleich der gemessenen und modellierten Entwicklung der Zugfestigkeit in Abhängigkeit der Dehnrate ist in Abb. 8.2 dargestellt.

Die im Rahmen der Hauptversuchsserie C ermittelten Werte für den Elastizitätsmodul des untersuchten Kalk-Natronsilicatglases werden in der folgenden Abb. 6.10 gezeigt. Es werden die Erwartungswerte und Standardabweichungen für den Elastizitätsmodul in Abhängigkeit der Dehnrate (logarithmisch aufgetragen) dargestellt. Sehr deutlich ist zu erkennen, dass der Elastizitätsmodul bis zu einer Dehnrate von 0,1 s^{-1} nahezu konstant bei dem auch für die quasistatischen Versuche festgestellten Wert von etwa 75 000 N/mm² verharrt. Für darüber liegende Dehnraten kann ein deutlicher Anstieg des Elastizitätsmoduls festgestellt werden. Die Steigerung bei einer Dehnrate von 1 s^{-1} im Vergleich zu einer quasistatischen Beanspruchung beträgt ca. 10 %.

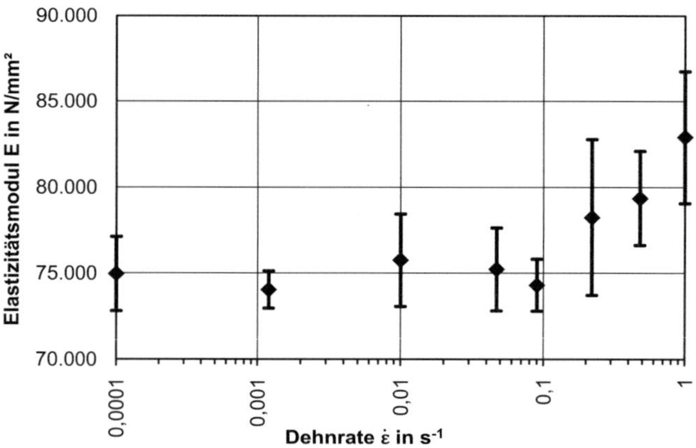

Abb. 6.10: Dehnratenabhängigkeit des Elastizitätsmoduls E für die Hauptversuchsserie C

Die Abbildung des dehnratenabhängigen Werkstoffverhaltens mit dem Schwerpunkt auf der Modellierung eines dehnratenabhängigen Elastizitätsmoduls erfolgt für verschiedene Modellansätze in Kapitel 7. Dort wird in Abb. 7.8 ein grafischer Vergleich des modellierten Verlaufs mit den experimentell bestimmten Werten dargestellt.

Die nachfolgende Tab. 6.7 gibt eine vollständige Übersicht der Erwartungswerte und Standardabweichungen für die Werte der Zugfestigkeit und des Elastizitätsmoduls, die aus den Messdaten der Versuchsreihen mit unterschiedlichen Dehnraten berechnet wurden. Die zu jedem Versuch ermittelten Einzelwerte der Zugfestigkeiten, Elastizitätsmoduln, Bruchdehnungen und Querkontraktionszahlen, auf deren Grundlage die statistische Datenauswertung erfolgt, sind vollständig in Anhang 2 aufgeführt.

Tab. 6.7: Statistische Auswertung der Werkstoffkennwerte der Hauptversuchsserie C

Prüfgeschwindigkeit in m/s	Festigkeit in N/mm²		Elastizitätsmodul in N/mm²		Proben-anzahl
	$\mu(f_t)$	$\sigma(f_t)$	$\mu(E)$	$\sigma(E)$	
quasistatisch	116,4	39,5	74965	2165	10
0,001	105,4	31,5	74037	1083	9
0,01	149,5	53,2	75755	2694	8
0,05	140,5	39,2	75230	2420	8
0,10	144,0	36,7	74301	1509	8
0,25	156,8	22,1	78249	4535	6
0,50	160,3	39,2	79357	2745	6
0,75	199,6	83,0	82910	3842	5
2,0	184,1	5,2	97034	12477	5

Auch die Bruchvorgänge der Probekörper der Hauptversuchsserie C werden zum Teil mit einer Hochgeschwindigkeitskamera aufgezeichnet. Die Aufzeichnungen zeigen, dass bei höheren Dehnraten und den damit verbundenen höheren Zugfestigkeiten deutlich mehr Energie in die Glasprobekörper eingetragen wird. In Anhang 3 sind exemplarisch Einzelbilder der Hochgeschwindigkeitsaufzeichnungen für verschiedene Probekörper dargestellt, die bei unterschiedlichen Prüfgeschwindigkeiten bis zum Bruch belastet wurden. Die Abbildungen zeigen, dass sich das Bruchverhalten mit zunehmender Prüfgeschwindigkeit respektive Dehnrate vom glatten, stumpfen Bruch, über eine stärker splitternde Bruchvariante bis hin zur vollständigen Zerstörung der Glasprobe über die gesamte Probenlänge entwickelt.

6.3.4 Auswertung der Hauptversuchsserie D

Die Auswertung der 19 Zugversuche an thermisch vorgespannten Glasprobekörpern der Hauptversuchsserie D erfolgt analog zur Auswertung der Hauptversuchsserie C. Eine Besonderheit der thermisch vorgespannten Probekörper liegt allerdings in ihrer leicht gebogenen Form, die sich aus dem Vorspannprozess ergibt und zur Einleitung von Biegespannungen um die schwache Achse der Probekörper im Zugversuch führt. Da beidseitig auf den Probekörpern die Dehnungen unabhängig voneinander erfasst werden, lässt sich dieser Biegeanteil in den Messwerten eindeutig identifizieren. Bei der Bestimmung der Bruchdehnungen und der Festigkeiten werden daher die aus der Biegebeanspruchung resultierenden zusätzlichen Dehnungen berücksichtigt und die ermittelten Werte werden prozentual gegenüber dem aus beidseitiger Messung gemittelten Wert erhöht. Diese Erhöhung liegt für die untersuchten Probekörper überwiegend in einer Größenordnung von 15 %. Für alle Prüfgeschwindigkeiten wird die mittlere, im Werkstoff gemessene resultierende Dehnrate bestimmt. Diese Dehnraten sind in der folgenden Tab. 6.8 aufgeführt. Sie stimmen, abgesehen von der ermittelten Dehnrate zur Prüfgeschwindigkeit 0,75 m/s, die etwas geringer ausfällt, gut mit den Werten aus der Hauptversuchsserie C (vgl. Tab. 6.6) überein.

Tab. 6.8: Prüfgeschwindigkeiten und tatsächlich auftretende Dehnraten Serie D

Probekörper-bezeichnung	**Prüfgeschwindigkeit v_{Kolben} in m/s**	**Dehnrate $\dot{\varepsilon}$ in s^{-1}**
D01 bis D05	quasistatisch	$8{,}2 \cdot 10^{-5}$
D06 bis D10	0,10	$9{,}6 \cdot 10^{-2}$
D11 bis D15	0,50	0,53
D16 bis D19	0,75	0,72

Die in Hauptversuchsserie D ermittelten Werte (Erwartungswerte und Standardabweichungen) für die Zugfestigkeit und den Elastizitätsmodul sind in Abb. 6.11 und 6.12 dargestellt. Trotz der gegenüber Serie C deutlich verringerten Datenbasis ist für beide Werkstoffkennwerte ein deutlicher Trend zur Steigerung mit zunehmender Dehnrate erkennbar. Aufgrund der begrenzten Anzahl zur Verfügung stehender Probekörper werden zusätzlich zu den quasistatischen Versuchen nur hohe Dehnraten untersucht, da in Serie C erst ab einer Dehnrate von 0,1 s^{-1} eine messbare Zunahme des Elastizitätsmoduls festgestellt werden kann. Dieses Phänomen lässt sich auch für die thermisch vorgespannten Probekörper zeigen. Während von der quasistatischen Beanspruchung zur Beanspruchung mit der Dehnrate 0,1 s^{-1} lediglich eine sehr geringe Zunahme des Elastizitätsmoduls von im Mittel 1,5 % zu verzeichnen ist, beträgt die Zunahme bei einer Dehnrate von 0,72 s^{-1} bereits 9,4 % und liegt damit in der gleichen Größenordnung wie für die nicht vorgespannten Glasprobekörper der Hauptversuchsserie C.

Die gemittelte Zunahme der Zugfestigkeit von quasistatischer Beanspruchung bis zu einer Beanspruchung mit der Dehnrate 0,72 s^{-1} beträgt 53,5 %. Die Zunahme liegt damit in der gleichen Größenordnung wie für die thermisch nicht vorgespannten Gläser, zumal berücksichtigt werden muss, dass die maximal realisierte Dehnrate in Serie D nur zwei Drittel der maximalen Dehnrate in Serie C beträgt. Insgesamt können die Erkenntnisse zur Dehnratenabhängigkeit der Zugfestigkeit und des Elastizitätsmoduls von gewöhnlichem Floatglas aus

Kalk-Natronsilicatglas demnach auch auf thermisch vorgespanntes Kalk-Natronsilicatglas übertragen werden. Auch die deutlich weniger umfangreiche Hauptversuchsserie D führt zu vergleichbaren Ergebnissen wie die Serie C mit thermisch nicht vorgespannten Probekörpern.

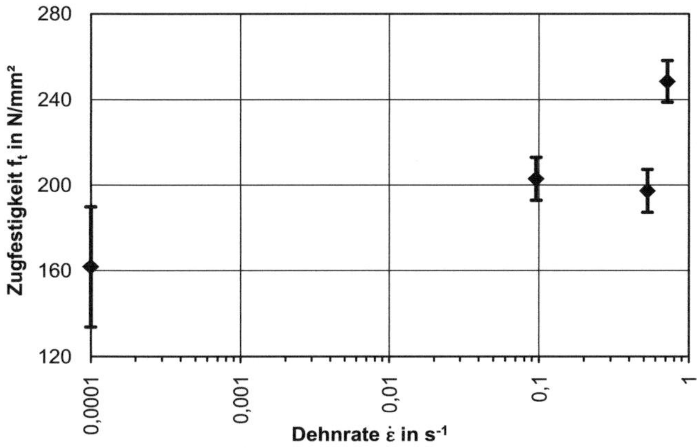

Abb. 6.11: Dehnratenabhängigkeit der Zugfestigkeit f_t für Hauptversuchsserie D

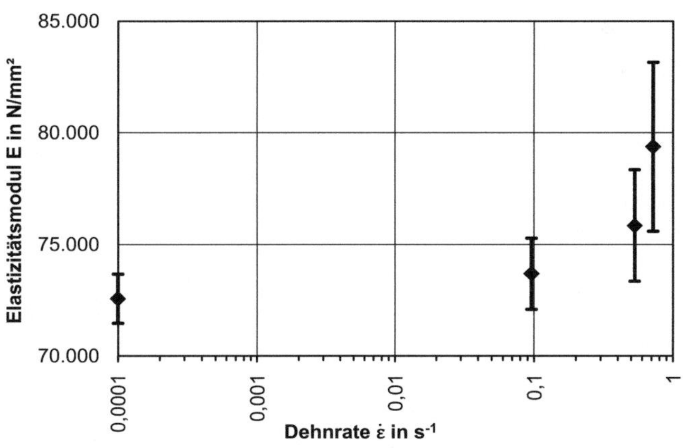

Abb. 6.12: Dehnratenabhängigkeit des Elastizitätsmoduls E für Hauptversuchsserie D

Die Erwartungswerte und Standardabweichungen der untersuchten mechanischen Werkstoffkennwerte sind zusätzlich in der folgenden Tab. 6.9 aufgeführt. Die für die jeweiligen Probekörper ermittelten Einzelwerte der Werkstoffkennwerte Zugfestigkeit, Elastizitätsmodul, Bruchdehnung und Querkontraktionszahl sind ebenfalls in Anhang 2 tabellarisch aufgeführt.

Tab. 6.9: Statistische Auswertung der Werkstoffkennwerte der Hauptversuchsserie D

Prüfgeschwindigkeit in m/s	Festigkeit in N/mm²		Elastizitätsmodul in N/mm²		Proben-anzahl
	$\mu(f_t)$	$\sigma(f_t)$	$\mu(E)$	$\sigma(E)$	
quasistatisch	161,8	28,1	72552	1100	5
0,10	202,9	10,0	73675	1598	5
0,50	197,3	10,0	75836	2502	5
0,75	248,5	9,7	79372	3789	4

Die Steigerung der Zugfestigkeit durch den thermischen Vorspannprozess beträgt gegenüber gewöhnlichem Floatglas je nach realisierter Dehnrate zwischen 23 und 41 %. Damit fällt die Steigerung deutlich geringer aus als bei den nach den TRAV zulässigen Biegezugspannungen. Diese werden mit 170 N/mm² für ESG mehr als doppelt so hoch angegeben wie für gewöhnliches Floatglas mit 80 N/mm². Eine Erklärung für die geringere gemessene Steigerung der Festigkeiten könnte die sehr gute Kantenqualität der Glasprobekörper durch den Laserschnitt sein. Da die Oberflächen der Probekörper kaum Mikroschädigungen aufweisen, reduziert sich der positive Effekt der Oberflächendruckspannung durch thermische Vorspannung gegenüber unbehandelten Gläsern.

Auch die Bruchvorgänge im Rahmen der Hauptversuchsserie D werden zum Teil mit einer Hochgeschwindigkeitskamera aufgezeichnet. Hierüber kann (wie bei der Hauptversuchsserie C) sichergestellt werden, dass der Versagensort der untersuchten Probekörper tatsächlich in der taillierten Probenmitte liegt. Ein Vergleich der Bruchvorgänge bei unterschiedlichen Dehnraten und während der quasistatischen Prüfung liefert allerdings keine markanten Unterschiede im Bruchverhalten der thermisch vorgespannten Glasprobekörper. Da bei einer Beschädigung in Probenmitte, hervorgerufen durch ein Überschreiten der Zugfestigkeit, sich das Versagen schlagartig im gesamten Probekörper fortsetzt, kann nicht mehr nach der Höhe des Energieeintrags differenziert werden. Die aus der thermischen Vorspannung resultierende Energie, die den gesamten Probekörper in kleine Bruchstücke zerspringen lässt, ist beim Bruchvorgang maßgebend. Daher wird im Anhang 3 lediglich eine exemplarische Bildfolge des Bruchvorgangs eines thermisch vorgespannten Glasprobekörpers der Hauptversuchsserie D abgebildet.

7 Entwicklung eines dehnratenabhängigen Werkstoffmodells

Im folgenden Kapitel wird auf Basis rheologischer Modellansätze sowie der in Abschnitt 4.3 vorgestellten induktiven Ansätze ein dehnratenabhängiges Werkstoffmodell für das untersuchte Kalk-Natronsilicatglas entwickelt. Hierzu werden zunächst die Grundlagen der linearen Viskoelastizitätstheorie erläutert, darauf folgt die Vorstellung der gewählten Ansätze zur dehnratenabhängigen Werkstoffmodellierung. Die Parameter für diese Modelle werden schließlich über einen Optimierungsprozess aus den erfassten und nachbearbeiteten Messdaten (s. Kap. 6) bestimmt.

7.1 Viskoelastisches Werkstoffverhalten

Gläser zeigen bis zum Eintritt des Versagens ein nahezu ideal linear-elastisches Werkstoffverhalten. Dieses lässt sich für eine einaxiale Beanspruchung mit dem Hookeschen Gesetz

$$\sigma = E \cdot \varepsilon \qquad 7.1$$

beschreiben, wobei σ die Spannung, E den Elastizitätsmodul und ε die Dehnung bezeichnen. Aus der Annahme eines linear-elastischen Werkstoffverhaltens resultiert ein über die gesamte Verformung bis zum Bruch konstanter Elastizitätsmodul, der für Glas üblicherweise mit 70 000 N/mm² angegeben wird (s. Abschnitt 3.1). Positive Dehnungen in einer Richtung des Werkstoffs verursachen über die Querkontraktion senkrecht zu dieser Richtung Stauchungen, also negative Dehnungen, deren Größe über die Querkontraktionszahl ν mit

$$\varepsilon_{quer} = -\nu \cdot \varepsilon \qquad 7.2$$

bestimmt werden kann, worin ε_{quer} die Querdehnungen und ν die Querkontraktionszahl bezeichnen, die für Glas üblicherweise mit 0,23 angegeben wird.

In Analogie zur Ermittlung der Normalspannungen nach Gleichung 7.1 können für eine reine Schubbeanspruchung die Schubspannungen τ im Werkstoff mit

$$\tau = G \cdot \gamma \qquad 7.3$$

berechnet werden. Hierin bezeichnen G den Schubmodul des Werkstoffs und γ den Scherwinkel. Da die real auftretenden Beanspruchungen in Werkstoffen fast immer mehrachsige kombinierte Normal- und Schubspannungen sind, muss auch das Werkstoffgesetz für den allgemeinen dreidimensionalen Fall formuliert werden. Dies erfolgt mit der allgemeinen Spannungs-Dehnungs-Beziehung

$$\boldsymbol{\sigma}_{ij} = \mathbf{C}_{ijkl}\, \boldsymbol{\varepsilon}_{kl}\,, \tag{7.4}$$

in der $\boldsymbol{\sigma}_{ij}$ den Spannungstensor, $\mathbf{C}_{ijkl}$ den Elastizitätstensor und $\boldsymbol{\varepsilon}_{kl}$ den Dehnungstensor bezeichnen. Durch die Nutzung verschiedener Symmetriebedingungen lässt sich diese Beziehung in der Voigtschen Schreibweise darstellen, in der Spannungs- und Dehnungstensor zweiter Stufe auf Spaltenmatrizen und der Steifigkeitstensor vierter Stufe auf eine quadratische Matrix reduziert werden. Die Hookesche Beziehung in der Voigtschen Notation ergibt sich damit zu

$$\begin{bmatrix} \sigma_{11} \\ \sigma_{22} \\ \sigma_{33} \\ \sigma_{12} \\ \sigma_{13} \\ \sigma_{23} \end{bmatrix} = \begin{bmatrix} C_{11} & C_{12} & C_{13} & C_{14} & C_{15} & C_{16} \\ C_{12} & C_{22} & C_{23} & C_{24} & C_{25} & C_{26} \\ C_{13} & C_{23} & C_{33} & C_{34} & C_{35} & C_{36} \\ C_{14} & C_{24} & C_{34} & C_{44} & C_{45} & C_{46} \\ C_{15} & C_{25} & C_{35} & C_{45} & C_{55} & C_{56} \\ C_{16} & C_{26} & C_{36} & C_{46} & C_{56} & C_{66} \end{bmatrix} \begin{bmatrix} \varepsilon_{11} \\ \varepsilon_{22} \\ \varepsilon_{33} \\ \gamma_{12} \\ \gamma_{13} \\ \gamma_{23} \end{bmatrix}. \tag{7.5}$$

Für isotrope Werkstoffe mit in allen Raumrichtungen gleichen mechanischen Eigenschaften, zu denen auch das in dieser Arbeit untersuchte Kalk-Natronsilicatglas gezählt wird, lässt sich die dargestellte Elastizitätsmatrix weiter vereinfachen, da sie sich für beliebige Rotationen nicht ändern darf. Alle verbleibenden von Null verschiedenen Einträge lassen sich hierbei auf den in den Gleichungen 7.1 und 7.3 genannten Elastizitätsmodul bzw. Schubmodul zurückführen, die wiederum über die Querkontraktionszahl ν miteinander verknüpft sind. Mit der Beziehung

$$G = \frac{E}{2(1+\nu)} \tag{7.6}$$

lautet die Elastizitätsmatrix dann (Rös2003):

$$\begin{bmatrix} \frac{E(1-\nu)}{(1+\nu)(1-2\nu)} & \frac{E\cdot\nu}{(1+\nu)(1-2\nu)} & \frac{E\cdot\nu}{(1+\nu)(1-2\nu)} & & & \\ \frac{E\cdot\nu}{(1+\nu)(1-2\nu)} & \frac{E(1-\nu)}{(1+\nu)(1-2\nu)} & \frac{E\cdot\nu}{(1+\nu)(1-2\nu)} & & & \\ \frac{E\cdot\nu}{(1+\nu)(1-2\nu)} & \frac{E\cdot\nu}{(1+\nu)(1-2\nu)} & \frac{E(1-\nu)}{(1+\nu)(1-2\nu)} & & & \\ & & & \frac{E}{2(1+\nu)} & & \\ & & & & \frac{E}{2(1+\nu)} & \\ & & & & & \frac{E}{2(1+\nu)} \end{bmatrix} . \qquad 7.7$$

In Abgrenzung zu kristallinen Stoffen werden die Werkstoffeigenschaften von Kalk-Natronsilicatglas nicht durch ein regelmäßiges Kristallgitter, sondern durch ein amorphes Netzwerk von Silizium-, Sauerstoff- und Alkali-Metallatomen bestimmt. Daher soll in dieser Arbeit zusätzlich zum elastischen Verhalten die Viskosität des Glases berücksichtigt werden. Diese wird maßgeblich durch die chemische Zusammensetzung bestimmt und steigt mit zunehmender Abkühlung der flüssigen Glasschmelze kontinuierlich bis zur Verfestigung bei Erreichen der Glasübergangstemperatur T_g von etwa 530 °C bei Kalk-Natronsilicatglas an.

Die Viskosität von Flüssigkeiten wurde erstmals von Newton beschrieben als das Verhältnis eines Widerstands zur Geschwindigkeit, mit der die Teilchen einer Flüssigkeit voneinander getrennt werden. Dieser Widerstand bezeichnet die bei der Scherung einer Flüssigkeit auftretende Schubspannung, die für die sogenannten Newtonschen Flüssigkeiten proportional zur Schergeschwindigkeit ist. Der allgemeine dreidimensionale Spannungszustand in einer bewegten Flüssigkeit setzt sich damit zusammen aus dem hydrostatischen Druck und der aus der Schergeschwindigkeit $\dot{\gamma}$ resultierenden Schubspannung und kann geschrieben werden als

$$\mathbf{T} = -p\mathbf{I} + \eta 2\mathbf{D} \qquad 7.8$$

oder für die Betrachtung bei einaxialer Beanspruchung als

$$T_{ij} = -p\begin{bmatrix}1 & 0 & 0\\ 0 & 1 & 0\\ 0 & 0 & 1\end{bmatrix} + \eta\begin{bmatrix}0 & \dot{\gamma} & 0\\ \dot{\gamma} & 0 & 0\\ 0 & 0 & 0\end{bmatrix} , \qquad 7.9$$

worin **T** den Spannungstensor, -p den hydrostatischen Druck, **I** den Einheitstensor, η die Viskosität, **D** den Tensor der Verschiebungsrate und $\dot{\gamma}$ die Schergeschwindigkeit oder -rate bezeichnen. Hieraus folgend reduzieren sich die reinen Schubspannungen, die aus einer Schergeschwindigkeit innerhalb der bewegten Flüssigkeiten resultieren, in Analogie zu Gleichung 7.3 zu (Mac1994)

$$T_{12} = \tau_{12} = \eta \cdot \dot{\gamma}, \qquad 7.10$$

worin τ_{12} der Schubspannung τ für einaxiale Beanspruchung entspricht.

Die Viskosität von Glas bei Raumtemperatur ist schließlich so hoch, dass die mechanischen Eigenschaften von Glas denen eines elastischen Festkörpers gleichen und zunächst keine Merkmale einer Flüssigkeit aufweisen. In der folgenden Tab. 7.1 sind die Viskositäten von Glas bei verschiedenen Temperaturen und verschiedener weiterer Stoffe bei Raumtemperatur angegeben (Wag2005).

Tab. 7.1: Viskosität verschiedener Stoffe

Stoff	Temperatur in °C	Viskosität η in Pa·s
Wasser	20	10^{-3}
Speiseöl	20	10
Honig	20	10^{3}
Glas	~700	1-10
Glas	~500	10^{12}
Glas	20	10^{18}

Der Werkstoff Glas gleicht mit seinem amorphen inneren Aufbau einer Flüssigkeit. Die Werkstoffeigenschaften charakterisieren Glas jedoch als Festkörper. Daher ist es sinnvoll, für die dehnratenabhängige Modellierung der Werkstoffeigenschaften ein viskoelastisches Werkstoffmodell zu wählen, mit dem eine Zeitabhängigkeit der Verformungen berücksichtigt werden kann. Diese Vorgehensweise ist auch bei Schneider zu finden, wobei dort lediglich Untersuchungen zum Kriechverhalten (d. h. zur gegenüber dem Aufbringen der Beanspruchung zeitlich verzögerten Verformung) durchgeführt werden (Sch2005).

Im Folgenden wird zunächst eine Übersicht der rheologischen Modelleinheiten, mit denen sich viskoelastisches Werkstoffverhalten beschreiben lässt, gegeben. Zur Modellierung elastischen Werkstoffverhaltens nach dem Hookeschen Gesetz (s. Gleichungen 7.1 und 7.3) eignet sich die Hookesche Feder, die in Abb. 7.1 links dargestellt ist. Sie ordnet jeder auf den

Werkstoff aufgebrachten Dehnung über den Elastizitätsmodul eine entsprechende Spannung zu. Die Newtonsche Flüssigkeit (s. Gleichung 7.10), bei der jeder Schergeschwindigkeit über die Viskosität eine entsprechende Spannung zugeordnet wird, wird durch einen Dämpfer modelliert, der in Abb. 7.1 rechts dargestellt ist.

Abb. 7.1: Modell der Hookeschen Feder und der Newtonschen Flüssigkeit

Diese beiden rheologischen Modelleinheiten, die jeweils für sich ideal elastisches und ideal viskoses Werkstoffverhalten für eine einaxiale Beanspruchung abbilden können, lassen sich nun zu beliebig kombinierten, parallel und in Reihe geschalteten Systemen zusammenfügen, von denen die beiden einfachsten das Kelvin-Voigt Modell und das Maxwell Modell sind. Beim Kelvin-Voigt Modell werden das Feder- und das Dämpferelement so parallel geschaltet, dass die Längenänderung, und damit die Dehnung, in beiden Elementen zu jedem Zeitpunkt gleich ist. Die Spannung des Kelvin-Voigt Modells berechnet sich demnach aus der Summe der Spannungsanteile beider Einzelelemente:

$$\sigma = \sigma_{Feder} + \sigma_{Dämpfer} \,. \qquad 7.11$$

Unter Verwendung der Beziehung

$$\sigma = \eta \cdot \dot{\varepsilon} \,, \qquad 7.12$$

die für eine viskose Flüssigkeit in Analogie zu Gleichung 7.10 die Normalspannungen bestimmt, folgt für das Kelvin-Voigt Element die folgende Differentialgleichung für Normalspannungen in Abhängigkeit von der Zeit t:

$$\sigma = E \cdot \varepsilon + \eta \cdot \dot{\varepsilon} \,. \qquad 7.13$$

Beim Maxwell Modell werden die beiden Grundelemente Feder und Dämpfer in Reihe geschaltet. Daraus ergibt sich, dass sich die Gesamtdehnung aus der Summe der Dehnungen beider Einzelelemente zusammensetzt, während die Spannung in beiden Elementen zu jedem Zeitpunkt gleich sein muss:

$$\varepsilon = \varepsilon_{Feder} + \varepsilon_{Dämpfer} \tag{7.14}$$

und

$$\sigma = \sigma_{Feder} = \sigma_{Dämpfer}\ . \tag{7.15}$$

Der Verformungsanteil des Dämpfers ist dabei irreversibel, das heißt bei Wegnahme der Spannungen, die eine Verformung im Maxwell Modell hervorrufen, bildet sich der Verformungsanteil im Dämpferelement nicht zurück. Die Differentialgleichung, die die von der Zeit t abhängige Spannungs-Dehnungs-Beziehung im Maxwell Modell beschreibt, erhält man, wenn man Gleichung 7.14 ableitet und die beiden Summanden durch die Beziehungen aus den Gleichungen 7.1 und 7.12 ersetzt:

$$\dot{\varepsilon} = \frac{\dot{\sigma}}{E} + \frac{\sigma}{\eta}\ . \tag{7.16}$$

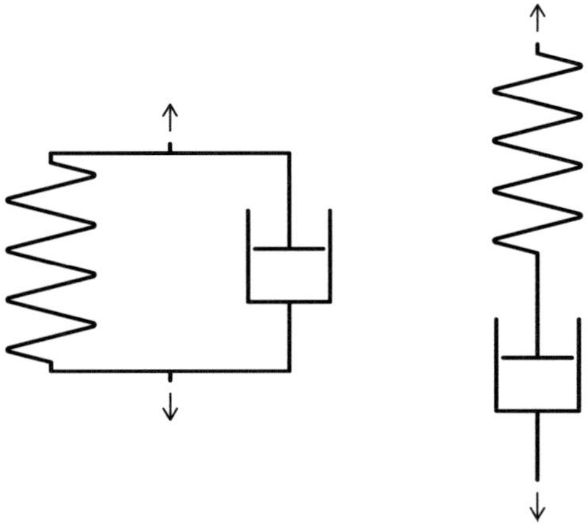

Abb. 7.2: Kelvin-Voigt Modell (links) und Maxwell Modell (rechts)

Das Kelvin-Voigt Modell und das Maxwell Modell sind schematisch in Abb. 7.2 dargestellt (Bar1997, Pet2000).

Die dargestellten viskoelastischen Modelle sind geeignet, Kriechvorgänge (zeitlich verzögertes Verformungsverhalten bei konstant gehaltener Spannung) und Relaxationsvorgänge (Spannungsabbau bei konstant gehaltenen Verformungen) in Werkstoffen zu beschreiben. Die beiden Phänomene Kriechen und Relaxation, die die Grundlage der linearen Viskoelastizitätstheorie bilden, sind schematisch in Abb. 7.3 dargestellt (Now1965).

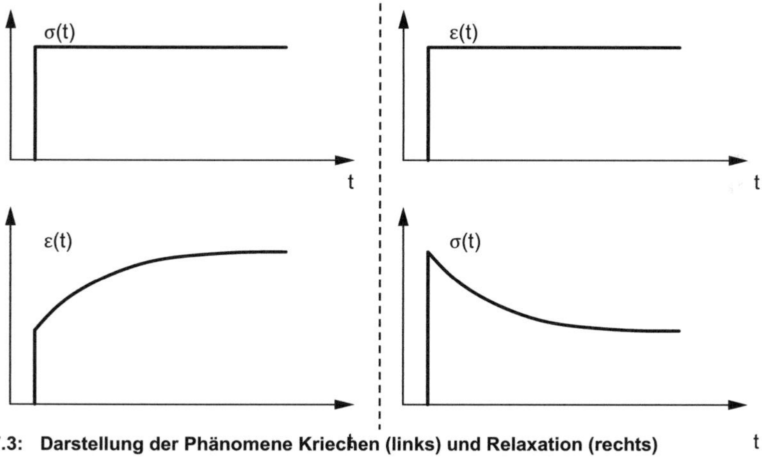

Abb. 7.3: Darstellung der Phänomene Kriechen (links) und Relaxation (rechts)

Die vorgestellten Grundmodelle lassen sich durch eine Parallel- oder Reihenschaltung erweitern. Hierdurch ergibt sich die Möglichkeit, ein experimentell bestimmtes Werkstoffverhalten im Rahmen eines komplexeren Modells genauer abzubilden, da eine größere Anzahl anzupassender freier Parameter zur Verfügung steht. Aus der Erweiterung der beiden genannten Grundmodelle ergeben sich das verallgemeinerte Kelvin-Voigt Modell mit der Verformungsgleichung

$$\sigma = E_i \cdot \varepsilon + \eta_i \cdot \dot{\varepsilon} \qquad 7.17$$

sowie das verallgemeinerte Maxwell-Modell mit der Verformungsgleichung

$$\dot{\varepsilon} = \sum_{i=1}^{n} \left(\frac{\dot{\sigma}_i}{E_i} + \frac{\sigma_i}{\eta_i} \right) . \qquad 7.18$$

Die verallgemeinerten Modelle sind in Abb. 7.4 und 7.5 dargestellt (Now1965).

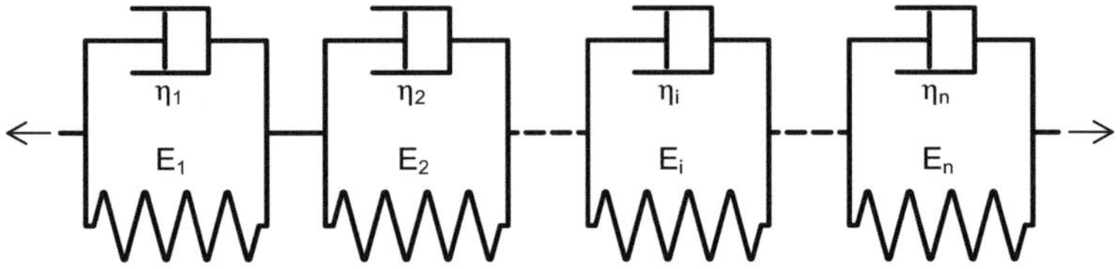

Abb. 7.4: Verallgemeinertes Kelvin-Voigt Modell durch Reihenschaltung

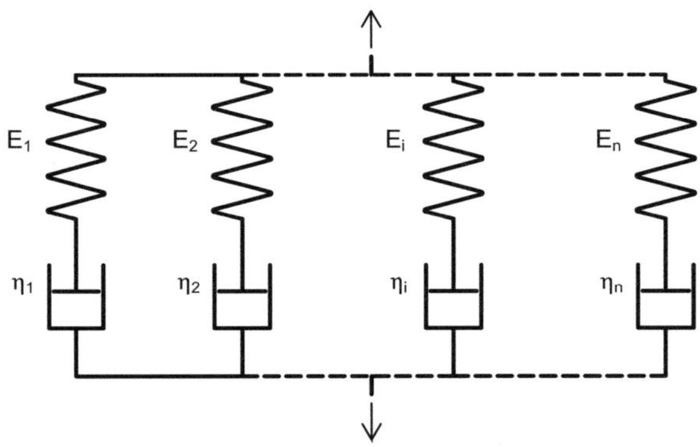

Abb. 7.5: Verallgemeinertes Maxwell-Modell durch Parallelschaltung

Die vorgestellten Modelle können mathematisch mit Hilfe von linearen Differentialgleichungen mit konstanten Koeffizienten dargestellt werden. Einen Ansatz zur Lösung dieser Differentialgleichungen stellt die Laplace-Transformation dar. Hierfür müssen die Werte für Spannung und Dehnung zum Zeitpunkt t = 0 bekannt sein. Das viskoelastische Verhalten eines Körpers aus einem bestimmten Werkstoff lässt sich dann mit der Kriechfunktion $\varphi(t)$ als

$$\varphi(t) = \frac{\varepsilon(t)}{\sigma_0} \tag{7.19}$$

beschreiben mit dem zeitlichen Verlauf der Dehnungen $\varepsilon(t)$ und einer konstanten Spannung σ_0 sowie sowie der Relaxationsfunktion $\psi(t)$ als

$$\psi(t) = \frac{\sigma(t)}{\varepsilon_0} \qquad 7.20$$

mit dem zeitlichen Verlaufs der Spannungen $\sigma(t)$ und einer konstanten Dehnung ε_0.

Nehmen Spannung (in der Kriechfunktion) oder Dehnung (in der Relaxationsfunktion) unterschiedliche Werte zu verschiedenen Zeitpunkten τ_i an, die als Differenzen zur Ausgangsspannung bzw. -dehnung als $\Delta\sigma_i$ und $\Delta\varepsilon_i$ bezeichnet werden, lassen sich nach dem Boltzmannschen Superpositionsprinzip die Dehnungen beziehungsweise die Spannungen durch Summation ermitteln (s. Gleichungen 7.21 und 7.22). Für einen kontinuierlichen Spannungsverlauf erfolgt der Übergang von der Summation zur Integration und die Dehnungen und Spannungen lassen sich nach den Gleichungen 7.23 und 7.24 bestimmen zu (Now1965)

$$\varepsilon(t) = \sum_{i=1}^{n} \Delta\sigma_i \cdot \varphi(t - \tau_i) \qquad 7.21$$

$$\sigma(t) = \sum_{i=1}^{n} \Delta\varepsilon_i \cdot \psi(t - \tau_i) \qquad 7.22$$

$$\varepsilon(t) = \int_0^t \frac{\partial\sigma(\tau)}{\partial\tau}\, \varphi(t - \tau)\, d\tau \qquad 7.23$$

$$\sigma(t) = \int_0^t \frac{\partial\varepsilon(\tau)}{\partial\tau}\, \psi(t - \tau)\, d\tau\,. \qquad 7.24$$

Die exemplarische Lösung einer Differentialgleichung und Herleitung der entsprechenden Kriechfunktion für eine viskoelastische Werkstoffmodellierung erfolgt an dieser Stelle für das in Abb. 7.4 dargestellte verallgemeinerte Kelvin-Voigt Modell (Reihenschaltung von n Kelvin-Voigt Körpern). Die Herleitung der Kriechfunktion erfolgt unter Annahme der Anfangswerte $\sigma(t=0) = 0$ und $\varepsilon(t=0) = 0$. Ausgehend von den Beziehungen

$$\varepsilon = \sum_{i=1}^{n} \varepsilon_i \text{ und} \qquad 7.25$$

$$\sigma = \sigma_1 = \sigma_2 = \sigma_i = \sigma_n \qquad 7.26$$

sowie der Verformungsgleichung 7.17 wird zunächst die Laplace-Transformation der Gleichungen durchgeführt, wobei die Laplace-Transformierte einer Funktion f(t) mit F(p) bezeichnet wird. Die Überführungen der Funktionen in den Bildbereich lauten dann

$$\mathrm{E}(p) = \sum_{i=1}^{n} \mathrm{E}_i(p)\,, \qquad 7.27$$

$$\Sigma(p) = \Sigma_1(p) = \Sigma_2(p) = \Sigma_i(p) = \Sigma_n(p) \text{ und} \qquad 7.28$$

$$\Sigma_i(p) = E_i \cdot \mathrm{E}_i(p) + \eta_i \cdot p \cdot \mathrm{E}_i(p)\,. \qquad 7.29$$

Das Umstellen der Gleichung 7.29 nach der Dehnung und Einsetzen der Gleichungen 7.27 und 7.28 liefert

$$\mathrm{E}(p) = \Sigma(p) \cdot \sum_{i=1}^{n} \frac{1}{E_i + \eta_i \cdot p}\,. \qquad 7.30$$

Bildet man die Laplace-Transformation von Gleichung 7.23 zu

$$\mathrm{E}(p) = p \cdot \Sigma(p) \cdot \Phi(p)\,, \qquad 7.31$$

liefert das Gleichsetzen mit Gleichung 7.30

$$\Phi(p) = \sum_{i=1}^{n} \frac{1}{\eta_i} \cdot \frac{1}{\left(\frac{1}{\lambda_i} + p\right) \cdot p}\,. \qquad 7.32$$

Der Parameter λ ist hierbei definiert als Quotient aus Viskosität η und Elastizitätsmodul E. Die Rücktransformation der Funktion $\Phi(p)$ mit Hilfe von tabellierten Laplace-Transformationspaaren liefert schließlich (Bro1997, Now1965)

$$\varphi(t) = \sum_{i=1}^{n} \frac{1}{E_i}\left(1\text{-}e^{-\frac{t}{\lambda_i}}\right). \qquad 7.33$$

Die folgende Tab. 7.2 gibt eine Übersicht der Kriech- und Relaxationsfunktionen aller vorgestellten rheologischen Werkstoffmodelle. Es wird deutlich, dass die Kriechfunktion eines Systems von in Reihe geschalteten Elementen ausgedrückt werden kann durch die Summe der Kriechfunktionen der einzelnen Elemente. Gleiches gilt für die Relaxationsfunktion eines Systems von parallel geschalteten Elementen (Flü1967, Now1965).

Tab. 7.2: Kriech- und Relaxationsfunktionen verschiedener rheologischer Modelle

Modell	$\boldsymbol{\varphi(t)}$	$\boldsymbol{\psi(t)}$
Hookesche Feder	$\frac{1}{E}$	E
Newtonscher Dämpfer	$\frac{1}{\eta}$	$\eta \cdot \delta(t)$
Kelvin-Voigt	$\frac{1}{E}\left(1\text{-}e^{-\frac{t}{\lambda}}\right)$	$E + \eta \cdot \delta(t)$
Maxwell	$\frac{1}{E}\left(\frac{t}{\lambda}+1\right)$	$E \cdot e^{-\frac{t}{\lambda}}$
Kelvin-Voigt (verallgemeinert, Reihenschaltung von n Elementen)	$\sum_{i=1}^{n} \frac{1}{E_i}\left(1\text{-}e^{-\frac{t}{\lambda_i}}\right)$	-
Maxwell (verallgemeinert, Parallelschaltung von n Elementen)	-	$\sum_{i=1}^{n} E_i \cdot e^{-\frac{t}{\lambda_i}}$

Die vorgestellten Modelle können durch Zuschaltung weiterer rheologischer Körper modifiziert und damit beliebig genau an die entsprechende Modellierungsaufgabe angepasst werden. Die dargestellten Zusammenhänge der viskoelastischen Modellbildung stellen die Grundlage für die Formulierung der dehnratenabhängigen Werkstoffmodelle des untersuchten Kalk-Natronsilicatglases dar, die im folgenden Abschnitt vorgestellt werden.

7.2 Dehnratenabhängiges Werkstoffmodell für Kalk-Natronsilicatglas

Auf Grundlage der vorgestellten rheologischen Grundkörper zur Darstellung viskoelastischen Werkstoffverhaltens sowie der in Abschnitt 4.3 genannten induktiven ingenieurmäßigen Werkstoffmodellierungen werden im Folgenden verschiedene Werkstoffmodellansätze entwickelt, die geeignet sind, das dehnratenabhängige Verhalten des untersuchten Kalk-Natronsilicatglases abzubilden. Auf Grundlage der experimentell ermittelten dehnratenabhängigen Spannungs-Dehnungs-Beziehungen müssen die in den jeweiligen Modellen enthaltenen, frei wählbaren Parameter in einem Optimierungsprozess so angepasst werden, dass das reale Werkstoffverhalten möglichst genau nachgebildet werden kann.

Ziel dieser Arbeit ist die Formulierung eines phänomenologischen Werkstoffmodells, das das experimentell beobachtete Verhalten des Werkstoffs auf makroskopischer Ebene beschreibt. Die auf mikroskopischer Ebene ablaufenden Prozesse können hierbei im Detail nicht erfasst werden. Das Modell soll geeignet sein, eine ingenieurmäßige Prognose des Werkstoffverhaltens und damit zur bemessungsrelevanten Analyse zu bieten. Für die Formulierung eines phänomenologischen Werkstoffmodells müssen zwei idealisierende Annahmen getroffen werden: Sowohl die Werkstoffeigenschaften als auch die während der experimentellen Untersuchungen auftretenden Spannungs- und Verzerrungszustände sollen homogen im Probekörper verteilt sein (Din1998). Beide Forderungen können für das untersuchte Kalk-Natronsilicatglas und die gewählte Probengeometrie im einaxialen Zugversuch als sehr gut erfüllt angesehen werden.

Für das Werkstoffmodell werden in dieser Arbeit vier Varianten untersucht und miteinander verglichen. Als erste Variante wird das Modell nach Schneider verwendet, das aus einer Reihenschaltung aus drei Kelvin-Voigt Körpern, einer Hookeschen Feder und einem Newtonschen Dämpfer besteht. Es handelt sich hierbei also um ein verallgemeinertes Kelvin-Voigt Modell der Länge 3 mit einem zusätzlichen in Reihe geschalteten Maxwell Körper. Mit diesem Modell können die von Schneider untersuchten Kriechkurven bei Langzeitbelastung von Gläsern in guter Näherung abgebildet werden. Das rheologische Werkstoffmodell nach Schneider ist in Abb. 7.6 dargestellt (Sch2005).

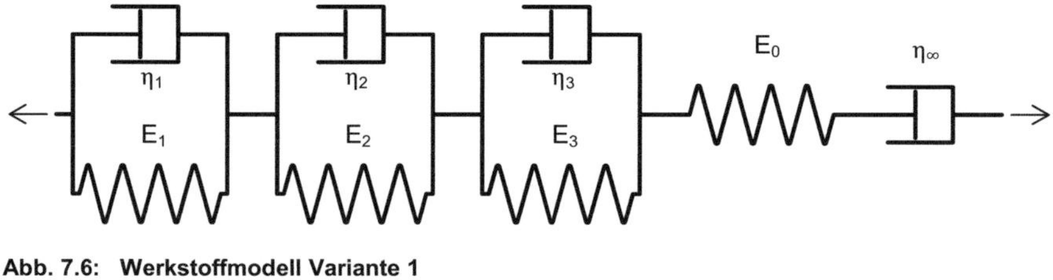

Abb. 7.6: Werkstoffmodell Variante 1

Ausgehend von Gleichung 7.23, die um einen überlagerten konstanten Dehnungsanteil $\sigma_0 \cdot \varphi(t)$ erweitert wird, lautet die Verformungsgleichung für das Modell nach Variante 1 (Now1965)

$$\varepsilon(t) = \sigma_0 \cdot \varphi(t) + \int_{-\infty}^{t} \frac{\partial \sigma(\tau)}{\partial \tau} \varphi(t - \tau)\, d\tau \qquad 7.34$$

mit der Kriechfunktion

$$\varphi(t) = \frac{1}{E_0} + \frac{t}{\eta_\infty} + \sum_{i=1}^{3} \frac{1}{E_i} \left(1 - e^{-\frac{E_i}{\eta_i} \cdot t} \right), \qquad 7.35$$

deren fünf Summanden die Hookesche Feder, den Newtonschen Dämpfer und die drei in Reihe geschalteten Kelvin-Voigt Körper abbilden.

Als zweite Variante wird das um einen Kelvin-Voigt Körper erweiterte verallgemeinerte Maxwell Modell mit drei parallel geschalteten Maxwell Körpern untersucht, das in der folgenden Abb. 7.7 dargestellt ist. Durch den zusätzlich parallel geschalteten Kelvin-Voigt Körper kann mit diesem Modell auch vollständig reversibles Verformungsverhalten beschrieben werden.

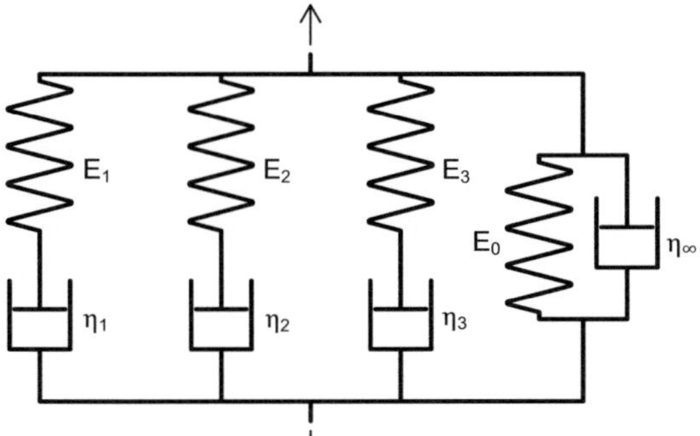

Abb. 7.7: Werkstoffmodell Variante 2

Um einen initialen Dehnungsanteil $\sigma_0 \cdot \psi(t)$ erweitert, ergibt sich für die Verformungsgleichung der Variante 2

$$\sigma(t) = \varepsilon_0 \cdot \psi(t) + \int_{-\infty}^{t} \frac{\partial \varepsilon(\tau)}{\partial \tau} \psi(t-\tau)\, d\tau \qquad 7.36$$

mit der Relaxationsfunktion

$$\psi(t) = E_\infty + \eta \cdot \delta(t) + \sum_{i=1}^{3} E_i \cdot e^{-\frac{t}{\lambda_i}}, \qquad 7.37$$

in der die parallel geschalteten Elemente Hookesche Feder, Newtonscher Dämpfer und drei Maxwell Körper aufsummiert sind.

Zusätzlich zu den rheologischen Ansätzen zur Beschreibung des dehnratenabhängigen Werkstoffverhaltens werden, abgeleitet aus den in Abschnitt 4.3 vorgestellten induktiven Werkstoffmodellen, die Varianten 3 und 4 untersucht. Ein Vergleich der in Abschnitt 4.3 genannten Modelle verdeutlicht ihren prinzipiellen Aufbau. Ungeachtet der Wahl der Ansatzfunktionen (Potenzansatz, logarithmischer Ansatz oder gemischte Ansätze) und der Komplexität der Funktionen kann die Spannungsermittlung auf die Addition verschiedener von der Dehnung ε und der Dehnrate $\dot{\varepsilon}$ abhängigen Summanden zurückgeführt werden.

Einflüsse aus Temperaturänderungen, wie sie im Johnson-Cook- und Zerilli-Armstrong-Modell Berücksichtigung finden, werden wegen der sehr kurzen Versuchsdauer und dem Fehlen plastischer Verformungsanteile, die eine maßgebliche Erhitzung der Glasproben während des Zugversuchs verursachen könnten, vernachlässigt. Aufgrund des bereits genannten Fehlens plastischer Verformungsanteile können diese Terme für die Beschreibung des Kalk-Natronsilicatglases ebenfalls entfallen. Damit lässt sich ein allgemeingültiges dehnratenabhängiges Werkstoffmodell in Anlehnung an die in Abschnitt 4.3 genannten induktiven Werkstoffmodelle mit Potenzansatz (Variante 3) formulieren zu

$$\sigma = C_0 + C_1 \cdot \varepsilon^{n_1} + C_2 \cdot \dot{\varepsilon}^{n_2} + C_3 \cdot \varepsilon^{n_3} \cdot \dot{\varepsilon}^{n_4} \qquad 7.38$$

Hierin sind C_0, C_1, C_2 und C_3 sowie n_1, n_2, n_3 und n_4 konstante Parameter, die für den in dieser Arbeit untersuchten Werkstoff Kalk-Natronsilicatglas an das experimentell untersuchte Werkstoffverhalten angepasst werden müssen.

Als alternative induktive Werkstoffmodellierung wird ein vereinfachter Ansatz gewählt, bei dem die über den Elastizitätsmodul gegebene lineare Spannungs-Dehnungs-Beziehung um einen dehnratenabhängigen Term erweitert wird. Die Variante 4 ergibt sich somit als reduzierter Sonderfall der Variante 3:

$$\sigma = (C_0 + C_1 \cdot \dot{\varepsilon}^{n_1})\,\varepsilon\,. \qquad 7.39$$

Hierin sind C_0 und C_1 sowie n_1 konstante Parameter, wobei C_0 den Elastizitätsmodul bei quasistatischer Beanspruchung beschreibt. Für Dehnraten größer Null nimmt dann über den zweiten Term die Steifigkeit des Werkstoffs zu. Die Ermittlung der Parameter der vorgestellten Modelle mit Hilfe eines numerischen Optimierungsprozesses wird im folgenden Abschnitt 7.3 beschrieben.

7.3 Optimierungsprozess zur Bestimmung der Modellparameter

Die Bestimmung der Werkstoffparameter in den zugrunde gelegten Modellen wird auf die iterative Anpassung einer skalarwertigen Zielfunktion zurückgeführt, die die Abweichung zwischen dem modellierten und dem experimentell ermittelten Spannungs-Dehnungs-Verhalten angibt. Für die Parameter-Anpassung im Rahmen eines Optimierungsproblems stehen verschiedene Algorithmen zur Verfügung, die in stochastische (nach dem Zufallsprinzip arbeitende), deterministische (zielgerichtet vorgehende) oder hybride (als Kombination stochastischer und deterministischer Methoden arbeitende) Verfahren unterschieden werden können. Typische stochastische Verfahren sind die Monte-Carlo-Suche oder die Evolutionsstrategie, die auch als genetischer Algorithmus bezeichnet wird. Beispiele für deterministische Verfahren sind das Simplexverfahren oder das Gradientenabstiegsverfahren. Die Zielfunktion, auf deren Grundlage der gefundene Parametersatz jedes Iterationsschritts der einzelnen Verfahren bewertet wird, ist üblicherweise durch die quadratische Differenz zwischen den modellierten und den experimentell bestimmten diskreten Werten der untersuchten Zustandsgröße definiert. Anhand dieser Zielfunktion erfolgt schließlich die Auswahl des am besten geeigneten Parametersatzes (Kow1998).

Stochastische Verfahren wie die Monte-Carlo-Suche bieten sich an, um in einem ersten Optimierungsschritt – nach Vorgabe eines Startgebiets für die zu bestimmenden Parameter – ein breites Parametergebiet zu ermitteln. Die Gefahr bei der Anwendung einiger deterministischer Verfahren besteht in der Auffindung eines lokalen Minimums für die Zielfunktion bereits zu Beginn des Optimierungsprozesses. Dadurch kann die Wahrscheinlichkeit, das globale Minimum zu finden oder anzunähern, eingeschränkt sein. Diese Gefahr kann durch die Vorschaltung eines stochastischen Verfahrensschritts reduziert werden (Boh2006).

Um die festzulegenden Parameter der gewählten Werkstoffmodelle vor dem Hintergrund des experimentell untersuchten Werkstoffverhaltens zu optimieren, muss zunächst die Zielfunktion definiert werden. Hierbei handelt es sich um eine Fehlerfunktion, die die bezogene quadratische Differenz der simulierten Größe (Dehnung für Modellvariante 1, Spannung für die Modellvarianten 2 bis 4) angibt. Die Fehlerwerte werden dabei zunächst für jeden einzelnen Stützpunkt eines Messschriebs bestimmt und mit folgender Gleichung zur Fehlersumme f_n aufsummiert:

$$f_n = \sum_{i=1}^{m} \frac{(y_{i,gemessen} - y_{i,modelliert})^2}{{y_{i,gemessen}}^2}, \qquad 7.40$$

worin m die Anzahl der Stützstellen der gemessenen und modellierten Spannungs-Dehnungs-Verläufe bezeichnet und y_i den Wert der gemessenen oder modellierten Größe an der jeweiligen Stützstelle.

Der auszuwertende Fehler wird dann als Mittelwert der Fehlersummen aller zu berücksichtigenden Messschriebe angegeben. In den vorliegenden Untersuchungen gehen acht Messschriebe (für acht untersuchte Dehnraten) in den Optimierungsprozess ein. Der über alle Messschriebe gemittelte Fehler f für eine Anzahl von n = 8 Messschriebe berechnet sich somit zu

$$f = \sum_{n=1}^{8} \frac{(f_n)}{8}. \qquad 7.41$$

Um die vorliegenden Messwerte als Eingangswerte für den Optimierungsprozess verwenden zu können, werden die bereits bearbeiteten Verläufe für eine Dehnrate (s. Abschnitt 6.1.4) einer Kanalmittelung unterzogen. Hierdurch werden für die einzelnen untersuchten Prüfgeschwindigkeiten und korrespondierenden Dehnraten gemittelte und repräsentative Spannungs-Dehnungs-Verläufe generiert. In einem ersten Bearbeitungsschritt werden hierzu die einzelnen Spannungs- und Dehnungskanäle zunächst über eine Regression unter Ansatz von 1000 Stützpunkten durch einen linearen Verlauf angenähert und auf einheitliche Kanallängen gebracht. Die so normierten Verläufe werden dann über alle Versuche einer Probenreihe gemittelt, woraus sich ein Verlauf ergibt, der den Ergebnissen der in Abschnitt 6.1.3 beschriebenen statistischen Auswertung im Hinblick auf die berechneten Erwartungswerte der Werkstoffkennwerte entspricht.

Die auf diese Weise erzeugten repräsentativen Spannungs-Dehnungs-Verläufe werden um einen Zeitkanal ergänzt, der die für jede Versuchsserie bestimmte Dehnrate widerspiegelt. Damit ergeben sich acht Messschriebe, die jeweils aus den drei 1000 Zeilen langen Vektoren für die Spannung, die Dehnung und die Zeit bestehen. Diese gehen schließlich als messtechnisch ermittelte reale Bezugswerte in den Optimierungsprozess ein.

Die im vorigen Abschnitt genannten Modellansätze werden für den Optimierungsprozess jeweils in eine formalisierte Form gebracht. Die freien Parameter jedes Modellansatzes werden hierzu als Vektor x dargestellt, dessen Länge damit der Anzahl der freien Parameter des jeweiligen Modells entspricht. Die formalisierten Modellansätze werden im Folgenden aufgeführt.

Variante 1 nach Gleichung 7.34, formalisierte Kriechfunktion nach Gleichung 7.35:

$$\varphi(t) = \frac{1}{x_1} + \frac{t}{x_2} + \sum_{i=1}^{3} \frac{1}{x_{2i+1}} \left(1 - e^{-\frac{x_{2i+1}}{x_{2i+2}} \cdot t}\right), \qquad 7.42$$

Variante 2 nach Gleichung 7.36, formalisierte Relaxationsfunktion nach Gleichung 7.37:

$$\psi(t) = x_1 + x_2 \cdot \delta(t) + \sum_{i=1}^{3} x_{2i+1}\, e^{-\frac{x_{2i+1}}{x_{2i+2}} \cdot t}, \qquad 7.43$$

Variante 3 nach Gleichung 7.38, formalisiertes allgemeines induktives Modell mit Potenzansatz:

$$\sigma = x_1 + x_2 \cdot \varepsilon^{x_5} + x_3 \cdot \dot{\varepsilon}^{x_6} + x_4 \cdot \varepsilon^{x_7} \cdot \dot{\varepsilon}^{x_8}, \qquad 7.44$$

Variante 4 nach Gleichung 7.39, formalisiertes vereinfachtes induktives Modell mit Potenzansatz:

$$\sigma = (x_1 + x_2 \cdot \dot{\varepsilon}^{x_3})\, \varepsilon . \qquad 7.45$$

Das in dieser Arbeit verwendete Optimierungsverfahren besteht aufgrund der oben gemachten Ausführungen aus einem dreistufigen Ablauf, bei dem zunächst über eine Monte-Carlo-Suche bis zu 20 Parametersätze generiert werden, die jeweils mit Hilfe der Zielfunktion bewertet werden. Werden nach Erreichen von 20 Parametersätzen in späteren Iterationen bessere Parametersätze ermittelt, so werden die ursprünglich gewonnenen Näherungslösungen überschrieben.

Die so ermittelten besten 20 Parametersätze werden dann an den genetischen Algorithmus als Startpopulation übergeben. Der Prozess des genetischen Algorithmus wird im Programm Matlab über bereitgestellte Funktionen gestartet (The2008). Beim genetischen Algorithmus handelt es sich um ein numerisches Optimierungsverfahren, das die Methoden der natürlichen Evolution (Vererbung, Mutation, Selektion und Rekombination) imitiert. Aus einer vorzugebenden Ausgangspopulation werden durch Selektion die Individuen bestimmt, die dem Optimierungskriterium am besten entsprechen. Aus diesen wird eine weitere Generation erzeugt, die durch Mutation und Rekombination gegenüber der Ausgangspopulation verändert wird. Diese Generation wird erneut der Selektion unterworfen und dient zur Generierung einer weiteren Generation, die dem Optimierungskriterium noch besser genügt. Dieser Prozess wird so lange fortgeführt, bis ein vom Anwender definiertes Abbruchkriterium erreicht ist. Dies können das Unterschreiten eines definierten Grenzwertes für den Fehler oder das Erreichen einer vorgegebenen maximalen Anzahl von Generationen sein. Zur weiteren Erläuterung des Prozesses des genetischen Algorithmus sei an dieser Stelle z. B. auf Goldberg verwiesen (Gol2009).

Den letzten Schritt des Optimierungsprozesses bildet ein Simplex-Algorithmus nach Nelder und Mead, der den über den genetischen Algorithmus besten gefundenen Parametersatz über einen deterministischen Optimierungsprozess verbessert und damit den Fehler weiter minimiert. Auch für die Durchführung des Simplex-Algorithmus wird das Programm Matlab mit den entsprechenden hierfür bereitgestellten Funktionen verwendet.

Anschaulich handelt es sich beim Simplex-Algorithmus nach Nelder und Mead um die gerichtete geometrische Veränderung eines als „Simplex" bezeichneten, aus n+1 Punkten zusammengesetzten Körpers im n-dimensionalen Raum, wobei n die Anzahl der freien Parameter des Optimierungsproblems bezeichnet. In jedem Iterationsschritt wird nun durch Spiegelung des schlechtesten Punktes am Schwerpunkt der restlichen Punktmenge ein neuer Punkt erzeugt, dessen Güte zur Lösung des Optimierungsproblems bestimmt wird. Durch Vergleich mit den Lösungen der anderen Punkte wird darüber hinaus bestimmt, ob der neue Punkt expandiert oder kontrahiert wird, das heißt ob sein Abstand vom ursprünglich schlechtesten Punkt verdoppelt oder halbiert wird, bis schließlich nach einer vorgegebenen Anzahl von Iterationsschritten ein Minimum der Zielfunktion gefunden ist (The2008, Nel1965).

Die über den Optimierungsprozess für die einzelnen Varianten zur Werkstoffmodellierung gefundenen Parametersätze sind in Tab. 7.3 aufgeführt. Hierbei ist zu beachten, dass die Parameter in einem Prozess bestimmt werden, der zunächst auf der Generierung von Zufallszahlen basiert. Darüber hinaus werden die Längen der einzelnen Prozessschritte (Monte-Carlo-Simulation, genetischer Algorithmus und Simplex-Verfahren) durch eine absolute Zeitvorgabe oder die Angabe der maximal durchzuführenden Iterationsschritte vorgegeben, es gibt demnach kein Abbruchkriterium für das Erreichen eines Fehlergrenzwertes. Die Parameter unterschiedlicher Optimierungsläufe können demnach voneinander abweichen. Dies liegt auch in der Natur des Verfahrens, das eine numerische Näherungslösung darstellt, die immer einen gewissen Fehler gegenüber der exakten Lösung aufweist.

Die Übereinstimmung der realen (gemittelten und nachbearbeiteten) Messschriebe mit der Beschreibung des zeitlichen Spannungs- und Dehnungsverlaufes durch die Werkstoffmodelle mit optimierten Parametern wird abschließend überprüft. Hierzu werden die realen Spannungs-Dehnungsverläufe den modellierten Verläufen gegenüber gestellt. Die Verläufe für die untersuchten Modellvarianten 1 bis 4 werden in Anhang 4 dargestellt. Es wird deutlich, dass alle vier Varianten sehr gut geeignet sind, um das experimentell ermittelte Spannungs-Dehnungs-Verhalten des untersuchten Kalk-Natronsilicatglases mit dehnratenabhängigem Elastizitätsmodul abzubilden. Dies zeigen auch die in Tab. 7.3 angegebenen Fehler zu den jeweiligen Parametersätzen.

Tab. 7.3: Optimierte Parameter der Werkstoffmodelle Varianten 1 bis 4

Werkstoffmodellierung	Parameter			
Variante 1 (3 Kelvin-Voigt Körper + Maxwell) Fehler: $8{,}3\cdot10^{-4}$	x_1 =	$6{,}54\cdot10^{6}$	x_5 =	$6{,}11\cdot10^{5}$
	x_2 =	$1{,}79\cdot10^{7}$	x_6 =	$1{,}19\cdot10^{7}$
	x_3 =	78714	x_7 =	$2{,}38\cdot10^{6}$
	x_4 =	6,07	x_8 =	37.538
Variante 2 (3 Maxwell Körper + Kelvin-Voigt) Fehler: $1{,}9\cdot10^{-4}$	x_1 =	74115	x_5 =	6,86
	x_2 =	5,27	x_6 =	$-3{,}12\cdot10^{5}$
	x_3 =	790,7	x_7 =	10577
	x_4 =	2,10	x_8 =	28,05
Variante 3 (Potenzansatz allgemein) Fehler: $1{,}6\cdot10^{-4}$	x_1 =	-0,35	x_5 =	1,01
	x_2 =	77567	x_6 =	2,60
	x_3 =	-2,58	x_7 =	0,77
	x_4 =	2453	x_8 =	0,72
Variante 4 (Potenzansatz vereinfacht) Fehler: $1{,}9\cdot10^{-4}$	x_1 =	73822	x_3 =	0,54
	x_2 =	9176		

Bei der Analyse der Parameter der Variante 1 fällt auf, dass die sehr großen Werte zur Charakterisierung des Maxwell Körpers, die im Nenner der beiden Summanden der Kriechfunktion stehen, das Verhalten des Maxwell Körpers für das Verhalten des Gesamtmodells bedeutungslos machen. Auf die zusätzlich parallel geschalteten Modelleinheiten Feder und Dämpfer kann bei der Beschreibung des Werkstoffverhaltens verzichtet werden. Darüber hinaus streben die Anteile des ersten und des dritten Kelvin-Voigt Körpers gegen Null, so dass das Werkstoffmodell im Wesentlichen durch den zweiten Kelvin-Voigt Körper definiert wird.

Ähnlich verhält es sich für die Variante 2, bei der die drei Maxwell Körper nur unwesentlich zur Charakterisierung des Werkstoffverhaltens beitragen und das Modellverhalten maßgeblich durch den parallel geschalteten Kelvin-Voigt Körper bestimmt wird. Die Analyse der beiden rheologischen Modellansätze legt daher den Schluss nahe, dass das experimentell bestimmte dehnratenabhängige Werkstoffverhalten mit einem einfachen rheologischen

Modell, wie z. B. bereits mit einem einzelnen Kelvin-Voigt-Körper, hinreichend genau abgebildet werden kann.

Eine Analyse der Modellparameter für die beiden induktiven Modellansätze 3 und 4 macht sehr gut deutlich, dass es sich bei der Variante 4 um einen Spezialfall der Variante 3 handelt. Alle zusätzlichen Terme der Variante 3 sind gegenüber den auch in Variante 4 vorhandenen Termen vernachlässigbar und ein Vergleich der bei beiden Varianten verbleibenden Fehler rechtfertigt die Verwendung der deutlich komplexeren Modellvariante 3 nicht.

Die Bestimmung der Modellparameter führt damit zu dem Schluss, dass die Modellvariante 4 trotz des vergleichsweise einfachen Modellansatzes sehr gut geeignet ist, das beobachtete Werkstoffverhalten im untersuchten Dehnratenbereich zwischen 10^{-4} und 1 s^{-1} abzubilden. Da sie gleichzeitig den Ansatz mit dem geringsten Berechnungsaufwand darstellt, wird im Folgenden nur noch die Variante 4 verwendet. In der folgenden Abb. 7.8 wird der grafische Vergleich der experimentell bestimmten Werte für den dehnratenabhängigen Elastizitätsmodul mit dem anhand von Modellvariante 4 berechneten Verlauf dargestellt. Der Modellansatz nach Variante 4 wird im Folgenden für die Implementierung der dehnratenabhängigen Werkstoffmodellierung in einem FE-Programm verwendet.

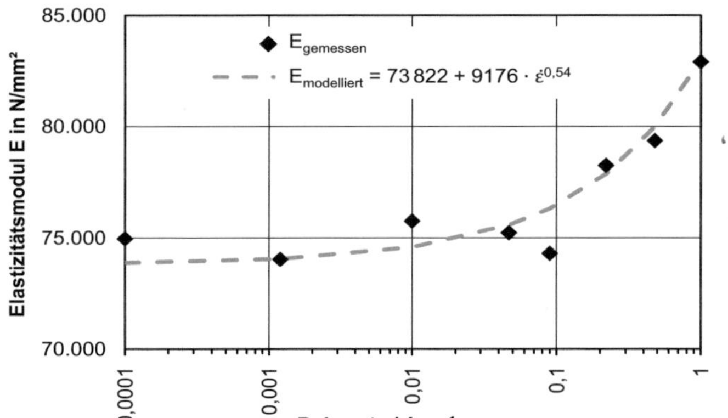

Abb. 7.8: Modellierung des dehnratenabhängigen Elastizitätsmoduls

8 Numerische Simulation des Zugversuchs

In diesem Kapitel wird die numerische Simulation der in Kapitel 5 durchgeführten einaxialen Zugversuche an Probekörpern aus Kalk-Natronsilicatglas mit Hilfe eines FE-Modells beschrieben. Der Schwerpunkt liegt hierbei auf der Implementierung eines auf Grundlage der Untersuchungsergebnisse kalibrierten Werkstoffmodells zur Beschreibung des dehnratenabhängigen Werkstoffverhaltens, das im vorherigen Kapitel entwickelt wurde. Über einen Vergleich des simulierten Versuchs mit den realen Messschrieben wird die Eignung des numerischen Berechnungsmodells überprüft.

8.1 Aufbau des FE-Modells

Die numerische Simulation des Zugversuchs erfolgt mit dem kommerziellen FE-Programm Ansys. Zur Modellierung der Geometrie der Glasprobe wird das in Abschnitt 5.1.2 beschriebene Modell der Probe verwendet. Da die Probenmitte für eine realistische Nachbildung des Zugversuchs nicht unverschieblich gelagert sein darf, muss statt eines Viertels die Hälfte der Probengeometrie abgebildet werden. Es kann somit nur die vertikale Symmetrieachse des Probekörpers zur Reduzierung des Berechnungsaufwands ausgenutzt werden. Daher wird das bereits vorhandene Modell durch Spiegelung um die horizontale Achse auf die halbe Probengeometrie erweitert.

Diese wird mit dem Schalenelement Shell41 vernetzt, dem eine Elementdicke von 8 mm, entsprechend der in Versuchsserie C geprüften Glasdicke, zugewiesen wird. Die Vernetzung erfolgt für die Schulterbereiche und für den mittleren taillierten Probenbereich mit zwei verschiedenen Elementgruppen. Da im taillierten Bereich innerhalb eines Zeitschritts größere Dehnungen auftreten als in den Schulterbereichen, resultiert hieraus auch eine größere Dehnrate in der Probenmitte. Die Anpassung der dehnratenabhängigen Werkstoffkennwerte, und insbesondere des Elastizitätsmoduls, kann mit dem vorliegenden Modell jedoch nur pauschal für einen Elementtyp erfolgen. Daher ist es zweckmäßig, Bereiche des Probekörpers mit unterschiedlichen Dehnraten in unterschiedliche Elementbereiche zu unterteilen. Dies kann durch eine nahezu beliebig feine Unterteilung erfolgen. Anhand der mit dem vorliegenden Modell berechneten Ergebnisse zeigt sich, dass die in diesem Fall gewählte Unterteilung ausreichend ist.

Die Lagerung des FEM-Modells wird als eine in alle drei Translationsrichtungen starre Lagerung der Elementknoten an der Unterkante des Probekörpers ausgeführt. Entlang der vertikalen Symmetrieachse wird eine Symmetriebedingung auf die Linien der Probenkontur aufgebracht. Die Lastaufbringung erfolgt als Verschiebungs-Zeit-Schrieb, der auf die Knoten an der Oberkante der Probengeometrie aufgebracht wird. Die Verschiebungen werden dabei zeitlich so auf die Knoten der Probenoberkante gegeben, dass die jeweilige, im korrespondierenden Experiment erreichte Prüfgeschwindigkeit des Maschinenkolbens aufgebracht wird. Das vernetzte Modell mit Angabe der Lagerung, der Symmetriebedingung an der Probenlängsachse sowie der Aufbringung der Verschiebung an der Probenoberkante ist in der folgenden Abb. 8.1 dargestellt.

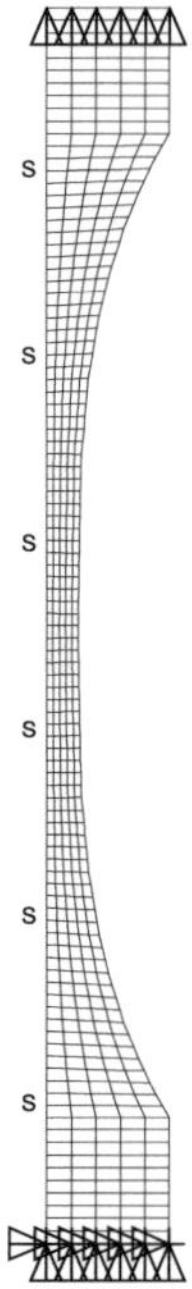

Abb. 8.1: FEM-Modell des Zugprobekörpers

Zur Berücksichtigung des zeitlich abhängigen Verhaltens des Probekörpers beim Aufbringen einer linearen Verschiebung der Probenoberkante wird in Ansys eine transiente Berechnung durchgeführt. Die Berechnung erfolgt iterativ mit einer Berechnungsschleife, wobei der jeweilige Verzerrungszustand eines vorangegangenen Berechnungsschritts als Ausgangspunkt für die Berechnung des folgenden Zeitschritts mit diskreter Erhöhung der Verschiebung an der Probenoberkante dient.

8.2 Implementierung des Werkstoffmodells

Für die Werkstoffmodellierung in Ansys wird ein linear-elastisches Werkstoffverhalten gewählt, in dem die Spannungs-Dehnungs-Beziehung über Angabe eines konstanten Elastizitätsmoduls sowie einer Querkontraktionszahl definiert werden kann. Die Besonderheit im vorliegenden Simulationsmodell liegt in der iterativen Anpassung des Wertes für den Elastizitätsmodul nach jedem Berechnungsschritt.

Zu diesem Zweck werden die Dehnungen an einem Knoten in Probenmitte herausgelesen. Mit dem vorgegebenen Zeitintervall zwischen zwei Berechnungsschritten wird dann über eine numerische Ableitung die Dehnrate in Probenmitte berechnet. Dieser Wert geht in die Bestimmung des dehnratenabhängigen Elastizitätsmoduls nach der Modellvariante 4 ein (s. Gleichung 7.38). Der so ermittelte, von der aktuell im Werkstoff auftretenden Dehnrate abhängige Elastizitätsmodul wird dann als konstanter Eingangswert für das verwendete linear-elastische Werkstoffmodell der Elemente im mittleren Bereich der Probengeometrie im folgenden Berechnungsschritt verwendet. Da die Beanspruchung als Verschiebung mit konstanter Geschwindigkeit in verhältnismäßig kleinen Zeitschritten aufgebracht wird, stellt sich der Wert für den Elastizitätsmodul sehr schnell auf einen nahezu konstanten Wert ein, der mit der dann ebenfalls konstanten, von der Prüfgeschwindigkeit abhängigen Dehnrate korrespondiert.

Diese iterative Vorgehensweise stellt demnach – bei einer ausreichend feinen Unterteilung der Berechnungs-Zeitschritte – eine geeignete Möglichkeit zur Implementierung von dehnratenabhängigen Werkstoffkennwerten in ein transientes Berechnungsmodell dar. Da auch der Wert für die Zugfestigkeit in den experimentellen Untersuchungen eine deutliche Dehnratenabhängigkeit aufweist, wird ebenfalls die dehnratenabhängige Zugfestigkeit in jedem Berechnungsschritt bestimmt. Die Berechnung der dehnratenabhängigen Festigkeit $f_t(\dot{\varepsilon})$ in N/mm² erfolgt über einen logarithmischen Zusammenhang auf Grundlage der experimentellen Ergebnisse mit der Gleichung

$$f_t(\dot{\varepsilon}) = 8{,}68 \cdot \ln(\dot{\varepsilon}) + 180\,. \tag{8.1}$$

Dieser Ansatz wird in Abb. 8.2 mit den experimentell bestimmten Werten für die dehnratenabhängige Festigkeit verglichen. Es wird deutlich, dass der logarithmische Ansatz gut geeignet ist, um die experimentell bestimmte dehnratenabhängige Entwicklung der Zugfestigkeit innerhalb des untersuchten Dehnratenbereichs abzubilden. Die durch Gleichung 8.1 definierte Steigerung der Zugfestigkeit bei einer Beanspruchung mit der Dehnrate 1,0 s^{-1} gegenüber einer quasistatischen Beanspruchung (mit einer Dehnrate von 0,0001 s^{-1}) beträgt 80 %.

In der Simulation wird die an einem Knoten in Probenmitte auftretende Hauptzugspannung in jeder Berechnungsiteration mit der auf diese Weise bestimmten Zugfestigkeit verglichen und bei einer Überschreitung wird die Berechnung abgebrochen. Dies lässt sich leicht umsetzen, da die iterative Berechnung über eine Schleifenbedingung gesteuert wird, an deren Ende über einen Vergleich der Spannung mit der Zugfestigkeit eine Schleifenabbruchbedingung formuliert ist. Wenn die für den Iterationsschritt aktuell berechnete dehnratenabhängige Festigkeit erreicht oder überschritten ist, wird die Berechnung automatisch beendet.

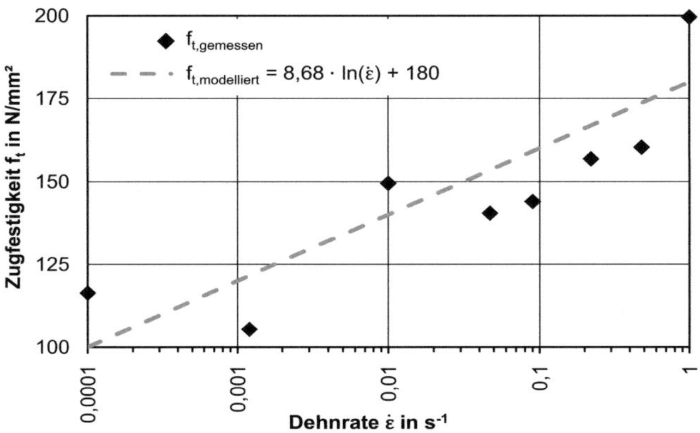

Abb. 8.2: Modellierung der dehnratenabhängigen Zugfestigkeit

Die Modellierung des dehnratenabhängigen Elastizitätsmoduls über Gleichung 7.38 ist nicht geeignet, negative Dehnraten (also nicht quasistatische Stauchungen) zu beschreiben, da für diesen Fall der Elastizitätsmodul rechnerisch reduziert werden würde. Daher werden in den Berechnungslauf zusätzlich zwei Abfragen implementiert, die den Wert für den Elastizitätsmodul und die Zugfestigkeit auslesen, sie mit den Werkstoffkennwerten für quasistatische Beanspruchungen vergleichen und, falls eine rechnerische Unterschreitung vorliegt, die Werkstoffkennwerte auf die quasistatischen Werte heraufsetzen. Dies ist für die hohen Prüfgeschwindigkeiten erforderlich, da sich im FEM-Modell – wie in den realen Versuchen ebenfalls beobachtet – Schwingungen im Glasprobekörper ausbreiten, die temporär zu lokalen Stauchungen und damit zu rechnerisch negativen Dehnraten führen können.

Die Simulation der Hochgeschwindigkeitszugversuche mit einem FEM-Modell unter Berücksichtigung des dehnratenabhängigen Werkstoffverhaltens wird in der folgenden Abb. 8.3 in einem Ablaufdiagramm dargestellt. Hierin sind $E_{quasistat.}$ und $f_{quasistat.}$ die Werkstoffkennwerte Elastizitätsmodul und Zugfestigkeit bei quasistatischer Beanspruchung und $E(\dot{\varepsilon})$ und $f(\dot{\varepsilon})$ die dehnratenabhängigen Werkstoffkennwerte.

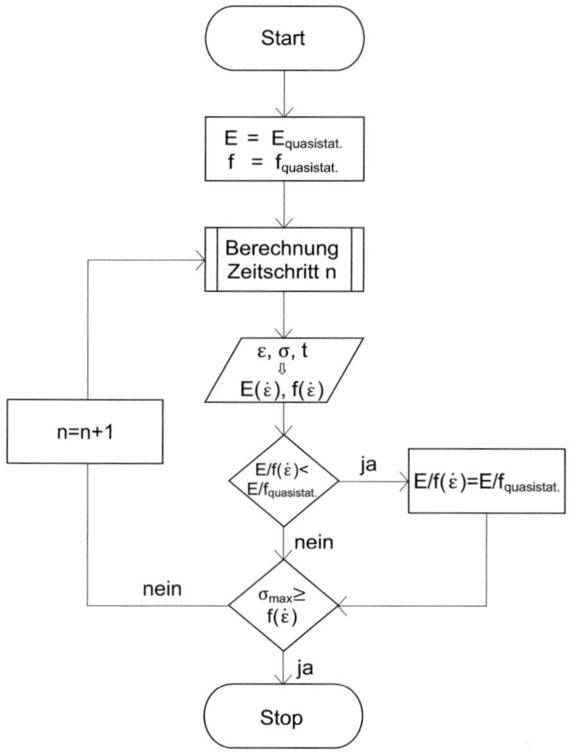

Abb. 8.3: Ablaufdiagramm der Simulation mit FEM-Modell

8.3 Bewertung der Ergebnisse

Nach jedem Iterationsschritt der Berechnung werden die aktuellen Werte für die Zeit sowie die Dehnung und Spannung in Probenmitte und – zur Kontrolle – die berechnete Dehnrate sowie die daraus abgeleiteten dehnratenabhängigen Werkstoffkennwerte Elastizitätsmodul und Zugfestigkeit ausgelesen. Die Werte werden in Vektoren geschrieben, die am Ende der Berechnung als Textdateien exportiert werden. Aus diesen Daten werden für jede untersuchte Prüfgeschwindigkeit die Spannungs-Dehnungs-Verläufe erzeugt. Diese werden mit den experimentell ermittelten Spannungs-Dehnungs-Verläufen verglichen, die grafische Darstellung beider Verläufe für alle untersuchten Dehnraten ist in Anhang 5 dargestellt.

Der Vergleich der simulierten mit den experimentell ermittelten Verläufen zeigt, dass eine gute Übereinstimmung erzielt werden kann. Die Glasfestigkeiten werden für geringe Dehnraten zunächst unterschätzt, während sie für die hohen Dehnraten überschätzt werden. Dies ist auf das vereinfachte logarithmische Modell zur Bestimmung der dehnratenabhängigen Festigkeit sowie auf die Streuung der experimentell bestimmten Werte zurückzuführen. Beim Vergleich der berechneten Steifigkeiten fällt auf, dass der dehnratenabhängige Elastizitätsmodul, der sich ab einer Dehnrate von etwa 0,1 s^{-1} gegenüber dem quasistatischen Elastizitätsmodul erhöht, mit dem Simulationsmodell leicht unterschätzt wird. Die Steigung des Spannungs-Dehnungs-Verlaufs fällt damit etwas geringer aus als bei den experimentell bestimmten Werten, was sicherlich auf die iterative Anpassung des dehnratenabhängigen Elastizitätsmoduls im FE-Modell zurückgeführt werden kann.

9 Zusammenfassung und Ausblick

Das abschließende Kapitel 9 gibt eine Zusammenfassung der durchgeführten experimentellen Untersuchungen an Kalk-Natronsilicatglas. Die Messergebnisse und die daraus abgeleiteten Werkstoffmodelle werden zusammengestellt. Darüber hinaus wird ein Ausblick zu möglichen weiterführenden Untersuchungen gegeben.

9.1 Zusammenfassung der Untersuchungen

Die vorliegende Arbeit untersucht die Dehnratenabhängigkeit der mechanischen Werkstoffkennwerte von Kalk-Natronsilicatglas. Hierbei liegt der Fokus neben der Untersuchung der Zugfestigkeit auf der Identifikation einer Abhängigkeit des Elastizitätsmoduls von der Formänderungsgeschwindigkeit im Werkstoff. Zu diesem Zweck wurde ein Versuchsaufbau für einaxiale Hochgeschwindigkeitszugversuche konzipiert, der die Aufzeichnung von Messdaten zum Kraft- und Dehnungsverlauf während des Belastungsvorgangs mit hohen Abtastraten ermöglicht.

Aufgrund des ideal-spröden Werkstoffverhaltens des untersuchten Glases werden besondere Anforderungen an die taillierte Probekörpergeometrie gestellt, die so beschaffen sein muss, dass sich keine Spannungskonzentrationen im Ausrundungsbereich zwischen taillierter Probenmitte und Schulterbereich der Probe ergeben. Es wird daher eine optimierte Geometrie mit Übergangsbogen im Ausrundungsbereich verwendet, die ein planmäßiges Versagen der Probekörper im definierten Querschnitt in Probenmitte gewährleistet. Die Erzeugung der Glasschnittkante erfolgt mit dem MLBA-Laserschnittverfahren, da nur durch dieses Verfahren eine vollständige Freiheit der Schnittkanten von Oberflächenfehlern, die zu einem vorzeitigen Versagen führen, sichergestellt werden kann. In Voruntersuchungen mit unterschiedlichen Oberflächenvorbehandlungen wird gezeigt, dass eine zusätzliche Behandlung der Probekörperoberflächen keinen positiven Einfluss auf die Streuung der Versuchsergebnisse hat, so dass hierauf verzichtet werden kann.

Die experimentellen Untersuchungen werden in einer Hochgeschwindigkeits-Prüfmaschine als einaxialer Zugversuch bei verschiedenen Prüfgeschwindigkeiten bis zum Bruch des Probekörpers durchgeführt. Die Ankopplung der Glasprobekörper an die Prüfmaschine erfolgt dabei über angeklebte Stahllaschen, die mit einer Scherbolzenverbindung nahezu schlupffrei und ohne Einleitung von Biegemomenten mit der Probenaufnahme, einem eigens konstruierten Slack-Adaptor, verbunden werden. Dieser gewährleistet eine Krafteinleitung in den Probekörper erst nach Erreichen der gewünschten Prüfgeschwindigkeit durch den Prüfmaschinenkolben. Während der Versuche werden die Kraft- und Dehnungsverläufe aufgezeichnet, aus denen für jeden Probekörper ein Spannungs-Dehnungs-Verlauf generiert wird. Hieraus werden die Werkstoffkennwerte Zugfestigkeit, Elastizitätsmodul, Bruchdehnung und (zur Kontrolle der Dehnungsmessung) Querkontraktionszahl bestimmt.

Mit Hilfe einer statistischen Auswertung der Einzelversuche werden für jede Dehnrate unter Annahme einer Weibull-Verteilung für die Zugfestigkeit und einer Normalverteilung für den Elastizitätsmodul die Erwartungswerte und Standardabweichungen der Werkstoffkennwerte abgeschätzt. Auf Grundlage der Ergebnisse werden mit viskoelastischen und induktiven Ansätzen Werkstoffmodelle generiert, die das empirisch festgestellte dehnratenabhängige Verhalten von Kalk-Natronsilicatglas beschreiben. Den letzten Schritt bildet die Implementierung einer dehnratenabhängigen Werkstoffbeschreibung in ein FEM-Berechnungsmodell, mit dem das Verhalten der Probekörper aus Kalk-Natronsilicatglas im Hochgeschwindigkeitszugversuch numerisch abgebildet werden kann.

9.2 Auswertung der Ergebnisse

Durch eine statistische Auswertung der experimentell ermittelten Werkstoffkennwerte Elastizitätsmodul und Zugfestigkeit wurde im Rahmen dieser Arbeit systematisch die Dehnratenabhängigkeit beider Kennwerte für Kalk-Natronsilicatglas nachgewiesen. Auf Grundlage einer umfassenden Anzahl von Probekörpern, die im einaxialen Zugversuch bei unterschiedlichen Prüfgeschwindigkeiten bis zum Versagen belastet wurden, konnte für einen Dehnratenbereich von 10^{-4} bis 1 s^{-1} eine deutliche Steigerung der Zugfestigkeit um ca. 80 % sowie des Elastizitätsmoduls um etwa 10 % nachgewiesen werden, wobei für den Elastizitätsmodul eine Steigerung erst ab einer Dehnrate von 0,1 s^{-1} auftritt.

Die Modellierung des dehnratenabhängigen Spannungs-Dehnungs-Verhaltens des Kalk-Natronsilicatglases sowohl mit rheologischen als auch mit induktiven Werkstoffmodellen konnte erfolgreich durchgeführt werden. Der Fehler zwischen dem im Experiment gemessenen und dem modellierten Verhalten liegt dabei für alle verwendeten Modelle in einem Bereich, der für die Verformungsberechnung von Verglasungen bei dynamischen Beanspruchungen ohne Einschränkungen tolerierbar ist. Hierbei wird ein einfacher Ansatz, bei dem der quasistatische Elastizitätsmodul des ideal linear-elastischen Werkstoffgesetzes über einen dehnratenabhängigen zusätzlichen Summanden erhöht wird, als zur Beschreibung des Werkstoffverhaltens sehr gut geeignet identifiziert. Die Dehnratenabhängigkeit der Festigkeit lässt sich über den Ansatz einer logarithmischen Beziehung hinreichend genau beschreiben.

Das numerische Berechnungsmodell, in dem das Werkstoffmodell implementiert wird, ist in der Lage, das mechanische Verhalten des Glases unter Berücksichtigung der Dehnrate während der Beanspruchung im Werkstoff zu berechnen und die dehnratenbedingte Erhöhung des Elastizitätsmoduls zu berücksichtigen. Auch die Abhängigkeit der Festigkeit von der Dehnrate wird berücksichtigt, so dass die durchgeführten Zugversuche realistisch abgebildet werden können. Das Modell ist damit grundsätzlich geeignet, das Verformungsverhalten beliebiger Glasbauteil-Geometrien – bei entsprechenden Anpassungen – realitätsnah abzubilden.

9.3 Ansatzpunkte für zukünftige Arbeiten

Die statistische Auswertung unter Angabe der Standardabweichungen der in dieser Arbeit ermittelten Werkstoffkennwerte zeigt eine große Streuung der Werte für die Probekörper jeder Versuchsreihe, die bei gleichen Dehnraten untersucht wurden. Obwohl anhand der berechneten Erwartungswerte eindeutige Trends zur Dehnratenabhängigkeit dieser Werkstoffkennwerte festgestellt werden konnten, wäre eine statistische Absicherung der Ergebnisse durch eine deutliche Erhöhung des Probenumfangs wünschenswert.

Bei der Auswertung der während der Hochgeschwindigkeitszugversuche aufgezeichneten Messdaten zeigt sich deutlich die Limitierung des Verfahrens für die gewählte Messtechnik auf Prüfgeschwindigkeiten bis maximal 0,75 m/s und somit der im Werkstoff auftretenden Dehnrate auf Werte bis maximal 1,0 s^{-1}. Besonders das Kraftsignal weist ab einer bestimmten Prüfgeschwindigkeit so starke Schwingungsanteile auf, dass eine sinnvolle Auswertung des Signals nicht mehr möglich ist. Hier besteht sowohl hinsichtlich des verwendeten Prüfaufbaus und insbesondere hinsichtlich der Kraftmessung Verbesserungsbedarf, um die während des Versuchs auftretenden Schwingungen, sowohl in der Prüfapparatur als auch im Kraftmesssensor, zu reduzieren. Dies böte die Möglichkeit, die Untersuchungen auf höhere Dehnraten, wie sie z. B. bei Crash- oder sogar Explosionsbeanspruchungen auftreten, zu erweitern. Obwohl die Dehnungsmessung mit DMS gegenüber der Kraftmessung bei den durchgeführten Versuchen nicht kritisch einzustufen ist, könnten für zukünftige Untersuchungen berührungslose Verformungsmessungen in Betracht gezogen werden. Wegen der geringen Bruchdehnung bei hohen Dehnraten stellen die Versuche zu hohe Anforderungen an die Bildwiederholrate optisch messender Systeme, der Bruchvorgang kann nicht mit ausreichend vielen Einzelbildern dokumentiert werden. Zum Zeitpunkt der in dieser Arbeit durchgeführten Versuche waren daher die verfügbaren berührungslosen optischen Verformungsmessungen noch nicht für die Bestimmung des sich im Versuch einstellenden Dehnungsverlaufs geeignet.

Die in der Realität üblicherweise auftretende Beanspruchung von Glaselementen in Form von Plattenbiegung (Anpralllasten, Windlasten normal zur Glastafelebene) legen die Überlegung nahe, einen Versuchsaufbau zur Durchführung von Hochgeschwindigkeitsbiegeversuchen zu konzipieren. Hierdurch könnten die in dieser Arbeit festgestellten Ergebnisse zur Dehnratenabhängigkeit von Kalk-Natronsilicatglas bei einaxialer Zugbeanspruchung auf die für eine Bemessung von Glastafeln relevantere Biegebeanspruchung mit mehraxialen Spannungszuständen erweitert werden. Besonders bei thermisch vorgespannten Gläsern, die einen über die Glasdicke nicht konstanten Eigenspannungsverlauf aufweisen, muss der veränderte Spannungszustand bei einer Biegebeanspruchung gegenüber einer Beanspruchung mit Normalspannungen berücksichtigt werden.

Für die Durchführung von Hochgeschwindigkeitsbiegeversuchen muss ein vollkommen anderer Versuchsaufbau entwickelt werden, der die Möglichkeit eines Drei- oder Vier-Punkt-

Biegeversuchs bietet. Ein Doppelring-Biegeversuch mit Hochgeschwindigkeits-Regelung des Luftdrucks im inneren Ring wird als nicht durchführbar eingeschätzt. Eine weitere Herausforderung stellt hierbei die Messung der auftretenden Prüfkräfte dar, die für handelsübliche Glasdicken und eine sinnvoll zu wählende Probekörperbreite verhältnismäßig gering ausfallen dürften.

Alternativ kann die Bestimmung von dehnratenabhängigen Werkstoffkennwerten auch für das untersuchte Kalk-Natronsilicatglas im SHPB-Versuch (s. Abschnitt 4.1) erfolgen. Der Vorteil dieses Versuchsaufbaus, mit dem Zug- und Druckfestigkeiten sowie Elastizitätsmoduln bestimmt werden können, liegt in den deutlich höheren realisierbaren Dehnraten. Somit könnten auch Dehnraten, wie sie bei Schock- und Impaktbeanspruchungen auftreten, erreicht werden.

Zusätzlich zu den in dieser Arbeit untersuchten Gläsern Float und ESG sollte eine Ausweitung der Versuche auf weitere Glasarten erfolgen. Neben der Untersuchung von TVG könnte der Einfluss der thermischen Vorspannung bei unterschiedlich hohen Druckeigenspannungen auf der Glasoberfläche untersucht werden. Darüber hinaus haben Verbundsicherheitsgläser (VSG) eine hohe Relevanz für bautechnische Anwendungen. Bei diesen Gläsern stellt der Verbund mit einer Zwischenschicht aus PVB völlig neue Anforderungen an die Gestaltung der Probekörper und den Versuchsaufbau sowie an die Modellierung des Werkstoffverhaltens bei unterschiedlichen Dehnraten.

Literaturverzeichnis

(Abo2005) Abouridouane, M.: *Bruchverhalten von Leichtmetallen unter Impact-Beanspruchung.* Dissertation Technische Hochschule Aachen (2005).

(Alt1993) Altenbach, H.: *Werkstoffmechanik, Einführung.* 1. Aufl. Leipzig: Dt. Verl. für Grundstoffindustrie (1993).

(Ape1934) Apelt, G.: *Einfluß von Belastungsgeschwindigkeit und Verdrehungsverformung auf die Zerreißfestigkeit von Glasstäben.* In: Zeitschrift für Physik, Jg. 91, H. 5-6, S. 336-343 (1934).

(Bae2005) Baer, W.; Häcker, R.: *Werkstoffcharakterisierung von Gusseisenwerkstoffen mit Kugelgraphit, Dynamische Zugversuche unter dem Aspekt der Bauteilsicherheitsbewertung.* In: MP Materials Testing, Jg. 47, H. 1-2, S. 34-44 (2005).

(Bar2008) Bargel, H.-J.; Schulze, G.; Hilbrans, H.: *Werkstoffkunde.* 10., bearb. Aufl. Berlin, Heidelberg: Springer-Verlag (2008).

(Bar1997) Barnes, H. A.; Hutton, J. F.; Walters, K.: *An introduction to rheology.* 5. impr. Amsterdam: Elsevier (1997).

(Bäu2005) Bäumer, A.; Larour, P.; Bleck, W.: *Werkstoffkonzepte im Vergleich - Was verursacht Dehnratenabhängigkeit.* In: 20. Aachener Stahlkolloquium, Aachen, S. 71-80 (2005).

(Bel1983) Belche, P.: *Einfluss von Prüftemperatur und Dehngeschwindigkeit auf das Fliessverhalten von Stählen mit besonderer Berücksichtigung des Werkstoffverhaltens bei statischer Beanspruchung.* Dissertation Technische Hochschule Aachen. Aachen (1983).

(Bet2001) Betten, J.: *Kontinuumsmechanik, Elastisches und inelastisches Verhalten isotroper und anisotroper Stoffe ; mit 20 Tabellen und 250 Übungsaufgaben.* 2., erw. Aufl. Berlin: Springer (2001).

(Blu2005) Bludau, C.: *Untersuchungen zur hochdynamischen Belastung von Beton.* In: Beton- und Stahlbetonbau, Jg. 100, S. 17-20 (2005).

(Boh2006) Bohm, G.; Zech, G.: *Einführung in Statistik und Messwertanalyse für Physiker.* Hamburg: Verl. Dt. Elektronen-Synchrotron (2006).

(Bor2009) Borsutzki, M.: *Hochgeschwindigkeitsversuche an Stahl, Eine Übersicht von der Technik bis zur Normung.* In: MP Materials Testing, Jg. 51, H. 11-12, S. 761-766 (2009).

(Böt2002) Böttcher, C.: *Geschwindigkeitssensitivität des mechanischen Verhaltens unlegierter Baustähle bei wiederholter Beanspruchung bis in den inelastischen Bereich, Experimentelle Untersuchung und Modellierung.* Dissertation Technische Universität Braunschweig. Düsseldorf: VDI-Verl. (2002).

(Bre2007) Brendler, S.: *Rechnerisches Bemessungskonzept für absturzsichernde Glastafeln.* Dissertation Technische Universität Braunschweig (2007).

(Bri2008) Briehl, H.: *Chemie der Werkstoffe.* 2., überarb. und erw. Aufl. Wiesbaden: B.G. Teubner Verlag / GWV Fachverlage GmbH Wiesbaden (2008).

(Bro1997) Bronstein, I. N.: *Taschenbuch der Mathematik.* 3., überarb. und erw. Aufl. der Neubearb. Thun: Deutsch (1997).

(Den1976) Denis, H.: *Vitrum, Geschichte und Geschichten um Glas.* München: Thiemig (1976).

(DIBt2003) DIBt TRAV: *Technische Regeln für die Verwendung von absturzsichernden Verglasungen* (01-2003).

(DIBt2006a) DIBt TRPV: *Technische Regeln für die Bemessung und die Ausführung punktförmig gelagerter Verglasungen* (08-2006).

(DIBt2006b) DIBt TRLV: *Technische Regeln für die Verwendung von linienförmig gelagerten Verglasungen* (08-2006).

(Die2005) Dietenberger, M.; Buyuk, M.; Kan, S.: *Development of a High Strain-Rate Dependent Vehicle Model.* In: LS-Dyna Anwenderforum, Bamberg (2005).

(DIN1986) DIN 1249-11: *Flachglas im Bauwesen - Glaskanten* (09-1986).

(DIN2000a) DIN EN 1288: *Bestimmung der Biegefestigkeit von Glas* (09-2000).

(DIN2000b) DIN EN 1863: *Teilvorgespanntes Kalknatronglas* (03-2000).

(DIN2000c) DIN EN 12150: *Thermisch vorgespanntes Kalknatron-Einscheibensicherheitsglas* (11-2000).

(DIN2001) DIN 1259: *Glas* (09-2001).

(DIN2002) DIN EN 13024: *Glas im Bauwesen - Thermisch vorgespanntes Borosilicat-Einscheibensicherheitsglas* (08-2002).

(DIN2003) DIN EN 12600: *Pendelschlagversuch* (04-2003).

(DIN2004a) DIN EN 572: *Glas im Bauwesen - Basiserzeugnisse aus Kalk-Natronsilicatglas* (09-2004).

(DIN2004b) DIN EN 1748-1: *Glas im Bauwesen - Spezielle Basiserzeugnisse – Borosilicatgläser* (12-2004).

(DIN2005) DIN EN 14178: *Basiserzeugnisse aus Erdalkali-Silicatglas* (01-2005).

(DIN2009a) DIN 18008: *Glas im Bauwesen - Bemessung und Konstruktionsregeln* (07-2009).

(DIN2009b) DIN EN ISO 6892: *Metallische Werkstoffe - Zugversuch* (12-2009).

(Din1998) Dinkler, D.: *Einführung in die Modellbildung.* In: Dinkler, D.; Kowalsky, U. (Hg.): Phänomenologische Modelle für Werkstoffe des Bauwesens. Braunschweig: Institut für Statik, S. 1-12 (1998).

(ESIS2000) ESIS P7-00: *Procedures for Dynamic Tensile Tests* (2000).

(Fin2000) Fink, A.: *Ein Beitrag zum Einsatz von Floatglas als dauerhaft tragender Konstruktionswerkstoff im Bauwesen.* Dissertation Technische Universität Darmstadt. Darmstadt: Institut für Statik (2000).

(Flü2007) Flügel, A.: *Statistical Regression Modeling of Glass Properties - A Tutorial.* Jena (2007).

(Flü1967) Flügge, W.: *Viscoelasticity.* Waltham, Toronto, London: Blaisdell Publishing Company (1967).

(Fu2009) Fu, S.; Wang, Y.; Wang, Y.: *Tension testing of polycarbonate at high strain rates.* In: Polymer Testing, Jg. 28, H. 7, S. 724-729 (2009).

(Gla2006) Glaser, S.; Wüst, A.; Jansen, D.: *Crashbelastete Bauteile virtuell entwickeln.* In: Kunststoffe, H. 09, S. 168-172 (2006).

(Gol2009) Goldberg, D. E.: *Genetic algorithms in search, optimization, and machine learning.* 29. print. Boston: Addison-Wesley (2009).

(Gro2001) Grote, D. L.; Park, S. W.; Zhou, M.: *Dynamic behavior of concrete at high strain rates and pressures: I. experimental characterization.* In: International Journal of Impact Engineering, Jg. 25, H. 9, S. 869-886 (2001).

(Haa2006) Haase, M.: *Glas trifft Scheibe, Der Scheibenlaser hält Einzug in die Bearbeitung von Spezialgläsern.* In: Laser Technik Journal, Jg. 03, H. 03, S. 27-30 (2006).

(Haa2007) Haase, M.: *Laser cutting using NIR radiation.* In: Proceedings of Glass Processing Days 2007, Tampere, S. 728–731 (2007).

(Haa2005) Haase, M.; Haupt, O.; Büsching, C.: *H2B Photonics GmbH.* Online verfügbar unter http://www.h2b-photonics.de/ (2005), zuletzt geprüft am 03.08.2009.

(Hab2009) Habenicht, G.: *Kleben, Grundlagen, Technologien, Anwendungen.* 6., aktualisierte Aufl. Berlin, Heidelberg: Springer Berlin Heidelberg (2009).

(Hal2006) Haldimann, M.: *Fracture strength of structural glass elements, Analytical and numerical modelling, testing and design.* Dissertation EPF Lausanne. Lausanne: EPFL (2006).

(Hal2008) Haldimann, M.; Luible, A.; Overend, M.: *Structural use of glass.* Zürich: IABSE, AIPC, IVBH, ETH Zürich (2008).

(Hof1987) Hoffmann, K.: *Eine Einführung in die Technik des Messens mit Dehnungsmeßstreifen.* Alsbach: Druckerei Drach (1987).

(Huf2005) Hufenbach, W.; Gude, M.; Ebert, C.: *Dehnratenabhängiges Versagensverhalten von Verbundwerkstoffen mit 3D-Textilverstärkung.* In: Verbundwerkstoffe und Werkstoffverbunde, S. 557-562 (2005).

(ITC2007) ITC, Inc.: *SciGlass Professional Version 7.0, Trial Edition* (2007).

(Joh1983) Johnson, G. R.; Cook, W. H.: *A Constitutive Model and Data for Metals Subjected to Large Strains, High Strain Rates and High Temperatures.* In: Proceedings of the 7th International Symposium on Ballistics, The Hague, S. 541-547 (1983).

(Ker1981) Kerkhof, F.; Richter, H.; Stahn, D.: *Festigkeit von Glas, Zur Abhängigkeit von Belastungsdauer und -verlauf.* In: Glastechnische Berichte, Jg. 54, H. 8, S. 265-277 (1981).

(Keu2006) Keuerleber, M.: *Bestimmung des Elastizitätsmoduls von Kunststoffen bei hohen Dehnraten am Beispiel von PP.* Dissertation Universität Stuttgart. Stuttgart (2006).

(Kob1991) Kobayashi, A.; Takeda, N.; Ogihara, S.; Li, Y. C.: *On Strain Rate Sensitivity of Beta-Titanium Alloys.* In: Journal de Physique IV, Jg. 1, H. C3, S. 209-214 (1991).

(Kow1998) Kowalsky, U.; Streilein, T.: *Parameteroptimierung.* In: Dinkler, D.; Kowalsky, U. (Hg.): Phänomenologische Modelle für Werkstoffe des Bauwesens. Braunschweig: Institut für Statik, S. 157-165 (1998).

(Kre2005) Krengel, U.: *Einführung in die Wahrscheinlichkeitstheorie und Statistik.* 8., erw. Aufl. Wiesbaden: Vieweg (2005).

(Lar2007) Larcher, M.: *Numerische Simulation des Betonverhaltens unter Stoßwellen mit Hilfe des Elementfreien Galerkin-Verfahrens.* Dissertation Universität Karlsruhe. Karlsruhe (2007).

(Lar2009) Larour, P.; Noack, J.; Bleck, W.: *Vibration Behaviour of Servohydraulic Dynamic Tensile Testing Machines.* In: MP Materials Testing, Jg. 51, H. 4, S. 184-198 (2009).

(Lud1909) Ludwik, P.: *Elemente der technologischen Mechanik.* Berlin: Julius Springer (1909).

(Mac1994) Macosko, C. W.: *Rheology, Principles, measurements, and applications.* New York: VCH (1994).

(Nai2008) Naik, N. K.; Yernamma, P.: *Mechanical behaviour of acrylic under high strain rate tensile loading.* In: Polymer Testing, Jg. 27, H. 4, S. 504-512 (2008).

(Nat2004) National Instruments Ltd.: *DIAdem Hilfe, Version 9.1* (2004).

(Nel1965) Nelder, J. A.; Mead, R.: *A Simplex Method for Function Minimization.* In: Computer Journal, Jg. 7, H. 4, S. 308-313 (1965).

(Nij2003) Nijsse, R.: *Tragendes Glas, Elemente, Konzepte, Entwürfe.* Basel: Birkhäuser (2003).

(Nöl2009) Nöldgen, M.; Millon, O.; Thoma, K.; Fehling, E.: *Hochdynamische Materialeigenschaften von Ultrahochleistungsbeton (UHPC).* In: Beton- und Stahlbetonbau, Jg. 104, H. 11, S. 717-727 (2009).

(Now1965) Nowacki, W.: *Theorie des Kriechens, Lineare Viskoelastizität.* Wien: Deuticke (1965).

(Ort2006) Ortlepp, S.: *Zur Beurteilung der Festigkeitssteigerung von hochfestem Beton unter hohen Dehngeschwindigkeiten.* Dissertation Technische Universität Dresden. Dresden (2006).

(Pas1998) Pasachoff, J. M.: *Comment on "Do cathedral glasses flow?," by Edgar Dutra Zanotto.* In: American Journal of Physics, Jg. 66, H. 11, S. 1021 (1998).

(Pat1986) Paturi, F. R.: *Die Geschichte vom Glas.* Aarau: AT-Verl. (1986).

(Pei2002) Peixinho, N.; Pinho, A.; Jones, N.: *Determination of Crash-Relevant Material Properties for High-Strength Steels and Constiturive Equations, Proceedings of the 2002 SAE International Body Engineering Conference and Automotive & Transportation Technology Conference.* SAE Technical Paper Series. Warrendale (2002).

(Pet2000) Petersen, C.: *Dynamik der Baukonstruktionen.* 1. Aufl., korr. Nachdr. Braunschweig: Vieweg (2000).

(Phi2006) Philipp, K. J.: *Das Reclam Buch der Architektur.* Ditzingen: Reclam (2006).

(Pri2004) Priven, A. I.: *General method for calculating the properties of oxide glasses and glass forming melts from their composition and temperature.* In: Glass Technology, Jg. 45, H. 6, S. 244-254 (2004).

(Rai2010) Raisch, R. S.; Möginger, B.: *High rate tensile tests - Measuring equipment and evaluation.* In: Polymer Testing, Jg. 29, H. 2, S. 265-272 (2010).

(Rie2000) Riedel, W.: *Beton unter dynamischen Lasten, Meso- und makromechanische Modelle und ihre Parameter.* Dissertation der Universität der Bundeswehr, München. Freiburg i. Br. (2000).

(Ron1991) Ronner, H.: *Öffnungen.* Basel, Boston, Berlin: Birkhäuser (1991).

(Rös2003) Rösler, J.; Harders, H.; Bäker, M.: *Mechanisches Verhalten der Werkstoffe, Mit 28 Tabellen.* 1. Aufl. Stuttgart: Teubner (2003).

(Ros1991) Rossi, P.: *A physical phenomenon which can explain the mechanical behaviour of concrete under high strain rates.* In: Materials and Structures, Jg. 24, H. 6, S. 422-424 (1991).

(Rou1991) Roudier, P.: *Interpretation of Ductile Fracture Toughness Loading Rate Dependance of Ta6V in Terms of a Local Approach.* In: Journal de Physique IV, Jg. 1, H. C3, S. 719-725 (1991).

(Sac1997) Sachs, L.: *Angewandte Statistik, Anwendung statistischer Methoden.* 6. Aufl. Berlin: Springer (1997).

(Sch2005) Schneider, F.: *Ein Beitrag zum inelastischen Materialverhalten von Glas.* Dissertation Technische Universität Darmstadt. Darmstadt: Institut für Statik (2005).

(Sch2001) Schneider, J.: *Festigkeit und Bemessung punktgelagerter Gläser und stoßbeanspruchter Gläser.* Dissertation Technische Universität Darmstadt. Darmstadt: Institut für Statik (2001).

(Sch1988) Scholze, H.: *Glas, Natur, Struktur u. Eigenschaften.* 3., neubearb. Aufl. Berlin, Heidelberg, New York, London, Paris, Tokyo: Springer (1988).

(Sch2006a) Schoßig, M.; Bierögel, C.; Grellmann, W.; Bardenheier, R.; Mecklenburg, T.: *Einfluss der Dehrate auf das mechanische Verhalten von glasfaserverstärkten Polyolefinen.* In: Werkstoffprüfung, S. 445-450 (2006).

(Sch2004) Schuler, H.: *Experimentelle und numerische Untersuchungen zur Schädigung von stoßbeanspruchtem Beton.* Dissertation Universität der Bundeswehr München. Efringen-Kirchen (2004).

(Sch2006b) Schuler, H.: *Numerische Simulation von Betonstrukturen unter Explosionseinwirkung* (2006).

(Söd2005) Söderberg, A. S. U.: *Modelling of Strain Hardening and Strain Rate Hardening of Dual Phase Steels in Finite Element Analysis fo Energy-Absorbing Components.* In: Proceedings of the Nafems World Congress 2005 (2005).

(Spo1988) Spoerer, M.; Busl, A.: *500 Jahre Flachglas, 1487 - 1987 ; von der Waldhütte zum Konzern.* Schorndorf: Hofmann (1988).

(Stahl2007) Stahlinstitut VDEh SEP 1230: *Ermittlung mechanischer Eigenschaften an Blechwerkstoffen bei hohen Dehnraten im Hochgeschwindigkeitszugversuch* (2007).

(Sto2001) Storm, R.: *Wahrscheinlichkeitsrechnung, mathematische Statistik und statistische Qualitätskontrolle, Mit 20 Tafeln und 120 Beispielen.* 11., verb. Aufl. München: Fachbuchverlag Leipzig im Carl-Hanser-Verlag (2001).

(Str1997) Strainoptic Technologies, Inc.: *Bedienungsanleitung Grazing Angle Surface Polarimeter (GASP)* (1997).

(Str1990) Strobl, S.: *Glastechnik des Mittelalters.* Stuttgart: Gentner (1990).

(The2008) The MathWorks, Inc.: *Matlab Help, R2008a* (2008).

(Vol1988) Volf, M. B.: *Mathematical approach to glass.* Amsterdam: Elsevier (1988).

(VWAG2004) VWAG Konzernnorm VW 101 28: *Hochgeschwindigkeitszugversuch - Durchführung und Auswertung von Zugversuchen an Hochgeschwindigkeitsprüfmaschine* (2004).

(Wag2005) Wagner, E.: *Glasschäden, Oberflächenbeschädigungen ; Glasbrüche in Theorie und Praxis ; Ursachen, Entstehung, Beurteilung.* 2., unveränd. Aufl. Stuttgart: Fraunhofer IRB-Verlag; Hofmann (2005).

(Wed2003) Wedepohl, K. H.: *Glas in Antike und Mittelalter, Geschichte eines Werkstoffs.* Stuttgart: Schweizerbart (2003).

(Wei1997) Weise, G.; Durth, W.: *Straßenbau, Planung und Entwurf.* 3., vollständig neu gefaßte Auflage mit Praxisbeispielen und dem aktuellen Vorschriftenstand. Berlin: Verlag für Bauwesen (1997).

(Wei1995) Weißhaupt, H. P.: *Verformungsverhalten metallischer Werkstoffe bei hohen Dehngeschwindigkeiten.* Dissertation Technische Hochschule Aachen. Aachen (1995).

(Win1894) Winkelmann, A.; Schott, O.: *Ueber die Elasticität und über die Zug- und Druckfestigkeit verschiedener Gläser in ihrer Abhängigkeit von der chemischen Zusammensetzung.* In: Annalen der Physik, Jg. 287, H. 4, S. 697-729 (1894).

(Wör2000) Wörner, J.-D.; Schneider, J.: *Abschlußbericht zur experimentellen und rechnerischen Bestimmung der dynamischen Belastung von Verglasungen durch weichen Stoß.* Stuttgart: Fraunhofer-IRB-Verl. (2000).

(Wör2001) Wörner, J.-D.; Schneider, J.; Fink, A.; Wörner-Schneider-Fink: *Glasbau, Grundlagen, Berechnung, Konstruktion ; mit 75 Tabellen.* Berlin: Springer (2001).

(Zan1999) Zanotto, E. D.; Gupta, P. K.: *Do cathedral glasses flow? - Additional remarks.* In: American Journal of Physics, Jg. 67, H. 3, S. 260-262 (1999).

(Zan1998) Zanotto, E. D.: *Do cathedral glasses flow?* In: American Journal of Physics, Jg. 66, H. 5, S. 392-395 (1998).

(Zer1987) Zerilli, F. J.; Armstrong, R. W.: *Dislocation-mechanics-based constitutive relations for material dynamics calculations.* In: Journal of Applied Physics, Jg. 61, H. 5, S. 1816-1825 (1987).

Anhang

Anhang 1 Probengeometrie

Die Probengeometrie nach Optimierung ist in der nachfolgenden Abb. A.1 links dargestellt. Rechts ist die Geometrie mit zusätzlichen fertigungstechnisch bedingten Ausrundungen im Schulterbereich gezeigt. Die gewählten Werte für die Geometrieparameter in mm lauten:

l_p (Länge des taillierten Bereichs mit parallelen Kanten)	2
b_p (Breite des taillierten Bereichs mit parallelen Kanten)	15
l_k (Klothoidenlänge)	60
r_e (Ausrundungsradius)	220

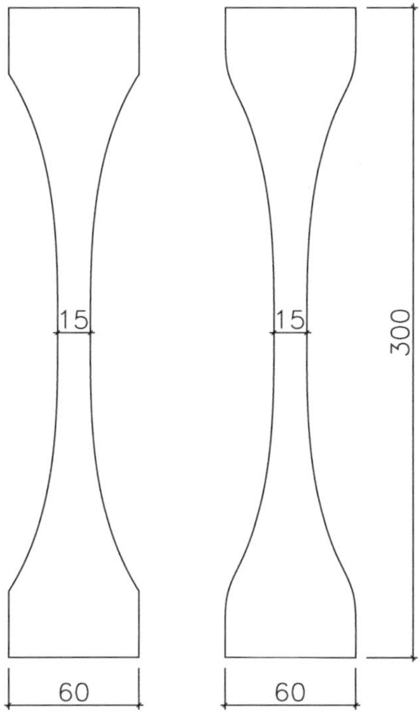

Abb. A.1: Optimierte (links) und gefertigte (rechts) Probengeometrie

Anhang 2 Übersicht Probekörper

Bedeutung der Probekörperbezeichnungen

A/B/C/D00_00_U/V/F_0,000

- 0,000 — Prüfgeschwindigkeit im Versuch in m/s
- U/V/F — Oberfläche unbehandelt/vorgeschädigt/flusssäuregeätzt
- _00 — Nenndicke des Probekörpers in mm
- 00 — laufende Nummer des Probekörpers der jeweiligen Serie
- A/B/C/D — Bezeichnung der Probenserie A, B, C oder D

Probenserie A

Tab. A.1: Übersicht Werkstoffkennwerte Probenserie A

Probenname	Zugfestigkeit in N/mm²	Bruchdehnung -	Querkontraktionszahl -
A01_05_U_0,1	125,9	0,00169	0,220
A02_05_U_0,1	98,2	0,00132	0,214
A03_05_U_0,1	102,8	0,00138	0,220
A04_05_U_0,1	103,8	0,00137	0,218
A05_05_U_0,1	99,1	0,00137	0,214
A06_05_U_0,5	93,7	0,00138	0,237
A07_05_U_0,5	157,6	0,00200	0,222
A08_05_U_0,5	137,0	0,00154	0,225
A09_05_U_0,5	157,6	0,00210	0,229
A10_05_U_0,5	87,3	0,00116	0,191
A11_05_U_2,0	-	0,00151	0,225
A12_05_U_2,0	-	0,00175	0,180
A13_05_U_2,0	-	0,00163	0,241
A14_05_U_2,0	-	0,00118	0,230
A15_05_F_0,1	191,4	0,00262	0,221
A16_05_F_0,1	165,4	0,00227	0,218
A17_05_F_0,1	165,4	0,00227	0,218
A18_05_F_0,1	179,4	0,00241	0,220
A19_05_F_0,1	183,6	0,00250	0,221
A20_05_F_0,1	221,0	0,00301	0,222
A21_05_F_0,1	119,2	0,00162	0,220
A22_05_F_0,5	304,1	0,00424	0,221
A23_05_F_0,5	229,7	0,00267	0,218

Probenname	Zugfestigkeit in N/mm²	Bruchdehnung -	Querkontraktionszahl -
A24_05_F_0,5	225,7	0,00278	0,219
A25_05_F_0,5	184,0	0,00250	0,219
A26_05_F_0,5	173,9	0,00215	0,219
A27_05_F_2,0	-	0,00211	0,175
A28_05_F_2,0	-	0,00132	0,238
A29_05_F_2,0	-	0,00284	0,219
A30_05_F_2,0	-	0,00263	0,221
A31_05_V_0,1	51,8	0,00070	0,227
A32_05_V_0,1	45,3	0,00056	0,222
A33_05_V_0,1	48,5	0,00063	0,218
A34_05_V_0,1	48,2	0,00067	0,210
A35_05_V_0,1	51,0	0,00071	0,220
A36_05_V_0,1	39,2	0,00050	0,227
A37_05_V_0,1	40,2	0,00052	0,219
A38_05_V_0,5	nicht auswertbar		
A39_05_V_0,5	48,9	0,00063	0,218
A40_05_V_0,5	49,6	0,00052	0,247
A41_05_V_0,5	nicht auswertbar		
A42_05_V_0,5	24,9	0,00050	0,220
A43_05_V_0,5	nicht auswertbar		
A44_05_V_2,0	nicht auswertbar		
A45_05_V_2,0	nicht auswertbar		
A46_05_V_2,0	nicht auswertbar		

Probenserie B

Tab. A.2: Übersicht Werkstoffkennwerte Probenserie B

Probenname	Zugfestigkeit in N/mm²	Bruchdehnung -	Querkontraktionszahl -
B01 bis B14	s. A01 bis A14		
B15_08_U_0,1	190,4	0,00249	0,225
B16_08_U_0,1	114,3	0,00158	0,223
B17_08_U_0,1	97,0	0,00124	0,226
B18_08_U_0,1	196,3	0,00259	0,222
B19_08_U_0,1	87,4	0,00116	0,225
B20_08_U_0,5	95,1	0,00116	0,224
B21_08_U_0,5	101,3	0,00113	0,222
B22_08_U_0,5	120,7	0,00171	0,216
B23_08_U_0,5	111,1	0,00164	0,223
B24_08_U_0,5	108,0	0,00148	0,223
B25_08_U_0,5	107,8	0,00151	0,225
B26_08_U_2,0	-	0,00164	0,237
B27_08_U_2,0	-	0,00157	0,248
B28_08_U_2,0	-	0,00265	0,218
B29_08_U_2,0	-	0,00285	0,211
B30_08_U_2,0	-	0,00284	0,218
B31_08_U_2,0	-	0,00221	0,236
B32_08_U_2,0	-	0,00187	0,207
B33_08_U_2,0	-	0,00178	0,206
B34_10_U_0,1	108,0	0,00147	0,221
B35_10_U_0,1	134,4	0,00184	0,223

Probenname	Zugfestigkeit in N/mm²	Bruchdehnung -	Querkontraktionszahl -
B36_10_U_0,1	152,7	0,00209	0,222
B37_10_U_0,1	142,8	0,00195	0,223
B38_10_U_0,1	127,4	0,00167	0,221
B39_10_U_0,1	127,0	0,00167	0,223
B40_10_U_0,1	86,6	0,00119	0,219
B41_10_U_0,1	171,8	0,00231	0,222
B42_10_U_0,1	85,8	0,00113	0,222
B43_10_U_0,5	106,1	0,00134	0,225
B44_10_U_0,5	96,6	0,00115	0,223
B45_10_U_0,5	186,6	0,00244	0,227
B46_10_U_0,5	190,4	0,00235	0,224
B47_10_U_0,5	226,1	0,00299	0,223
B48_10_U_0,5	242,8	0,00318	0,227
B49_10_U_0,5	84,5	0,00101	0,222
B50_10_U_2,0	-	0,00144	0,219
B51_10_U_2,0	-	0,00168	0,245
B52_10_U_2,0	-	0,00141	0,039
B53_10_U_2,0	-	0,00391	0,233
B54_10_U_2,0	-	0,00252	0,220
B55_10_U_2,0	-	0,00256	0,201
B56_10_U_2,0	-	0,00241	0,221

Probenserie C

Tab. A.3: Übersicht Werkstoffkennwerte Probenserie C

Probenname	Elastizitätsmodul in N/mm²	Zugfestigkeit in N/mm²	Bruchdehnung -	Querkontraktionszahl -
C01_08_U_quasist.	73675	46,5	0,00063	0,214
C02_08_U_quasist.	74947	105,8	0,00141	0,227
C03_08_U_quasist.	73634	130,7	0,00177	0,221
C04_08_U_quasist.	74811	114,1	0,00152	0,205
C05_08_U_quasist.	74195	132,0	0,00177	0,216
C06_08_U_quasist.	72230	100,8	0,00140	0,214
C07_08_U_quasist.	78672	123,1	0,00155	0,233
C08_08_U_quasist.	73794	163,3	0,00221	0,222
C09_08_U_quasist.	74793	187,2	0,00250	0,221
C10_08_U_quasist.	78903	59,4	0,00075	0,239
C11_08_U_0,001	76012	56,3	0,00075	0,206
C12_08_U_0,001	74289	99,0	0,00134	0,229
C13_08_U_0,001	73140	157,5	0,00215	0,234
C14_08_U_0,001	72922	91,5	0,00125	0,220
C15_08_U_0,001	74080	57,8	0,00078	0,207
C16_08_U_0,001	72856	125,7	0,00173	0,216
C17_08_U_0,001	73796	97,8	0,00132	0,217
C18_08_U_0,001	73831	136,1	0,00184	0,223
C19_08_U_0,001	75403	124,0	0,00165	0,226
C20_08_U_0,01	75518	116,7	0,00155	0,218
C21_08_U_0,01	73547	104,3	0,00142	0,220
C22_08_U_0,01	75181	132,6	0,00176	0,219

Probenname	Elastizitäts-modul in N/mm²	Zugfestigkeit in N/mm²	Bruch-dehnung -	Querkontrak-tionszahl -
C23_08_U_0,01	74523	166,1	0,00223	0,222
C24_08_U_0,01	72840	92,3	0,00127	0,216
C25_08_U_0,01	77824	116,8	0,00149	0,237
C26_08_U_0,01	75279	238,2	0,00315	0,222
C27_08_U_0,01	81325	225,9	0,00278	0,231
C28_08_U_0,05	75647	144,0	0,00191	0,220
C29_08_U_0,05	74254	170,4	0,00231	0,219
C30_08_U_0,05	74574	177,0	0,00239	0,220
C31_08_U_0,05	73312	91,5	0,00127	0,219
C32_08_U_0,05	74266	139,5	0,00188	0,222
C33_08_U_0,05	74757	203,2	0,00273	0,223
C34_08_U_0,05	74038	105,5	0,00142	0,223
C35_08_U_0,05	80990	89,2	0,00110	0,401
C36_08_U_0,10	71994	91,9	0,00126	0,221
C37_08_U_0,10	76587	114,3	0,00147	0,218
C38_08_U_0,10	75370	147,7	0,00193	0,222
C39_08_U_0,10	74162	211,3	0,00281	0,223
C40_08_U_0,10	73523	144,3	0,00192	0,222
C41_08_U_0,10	75762	143,7	0,00186	0,221
C42_08_U_0,10	73830	125,3	0,00168	0,221
C43_08_U_0,10	73177	175,4	0,00236	0,222
C44_08_U_0,25	73751	150,4	0,00206	0,222
C45_08_U_0,25	82641	109,5	0,00125	0,262
C46_08_U_0,25	74526	172,0	0,00238	0,221

Probenname	Elastizitäts-modul in N/mm²	Zugfestigkeit in N/mm²	Bruch-dehnung -	Querkontrak-tionszahl -
C47_08_U_0,25	84658	187,3	0,00221	0,242
C48_08_U_0,25	78543	162,7	0,00205	0,241
C49_08_U_0,25	75373	156,2	0,00208	0,222
C50_08_U_0,50	78813	217,9	0,00273	0,220
C51_08_U_0,50	78688	171,1	0,00216	0,220
C52_08_U_0,50	82887	121,3	0,00146	0,218
C53_08_U_0,50	82155	121,7	0,00148	0,223
C54_08_U_0,50	78131	130,6	0,00182	0,233
C55_08_U_0,50	75466	197,2	0,00263	0,222
C56_08_U_0,75	82059	168,6	0,00215	0,223
C57_08_U_0,75	81252	105,1	0,00111	0,214
C58_08_U_0,75	81893	139,9	0,00171	0,236
C59_08_U_0,75	79757	240,0	0,00323	0,223
C60_08_U_0,75	89587	339,6	0,00372	0,269
C61_08_U_2,0	79683	190,2	0,00211	0,266
C62_08_U_2,0	109406	183,4	0,00162	0,276
C63_08_U_2,0	99013	187,3	0,00174	0,248
C64_08_U_2,0	100034	172,9	0,00131	0,269
C65_08_U_2,0	-	185,6	0,00334	0,223

Probenserie D

Tab. A.4: Übersicht Werkstoffkennwerte Probenserie D

Probenname	Elastizitäts-modul in N/mm²	Zugfestigkeit in N/mm²	Bruch-dehnung -	Querkontrak-tionszahl -
D01_08_U_quasist.	73711	186,9	0,00253	0,219
D02_08_U_quasist.	73296	185,7	0,00253	0,218
D03_08_U_quasist.	72192	136,2	0,00189	0,213
D04_08_U_quasist.	72684	183,8	0,00253	0,220
D05_08_U_quasist.	70879	110,7	0,00156	0,216
D06_08_U_0,1	74096	207,7	0,00277	0,219
D07_08_U_0,1	75387	212,8	0,00290	0,219
D08_08_U_0,1	71747	200,3	0,00273	0,219
D09_08_U_0,1	74869	211,1	0,00281	0,218
D10_08_U_0,1	72275	179,1	0,00245	0,222
D11_08_U_0,5	76822	198,6	0,00274	0,222
D12_08_U_0,5	74370	209,9	0,00286	0,216
D13_08_U_0,5	77162	203,7	0,00299	0,222
D14_08_U_0,5	72267	192,3	0,00273	0,216
D15_08_U_0,5	78560	181,5	0,00258	0,203
D16_08_U_0,75	85009	246,1	0,00290	0,217
D17_08_U_0,75	77032	259,4	0,00337	0,215
D18_08_U_0,75	78157	254,4	0,00326	0,223
D19_08_U_0,75	77289	233,2	0,00312	0,219
D20_08_U_0,75	vorzeitiges Versagen der geklebten Laschen			

Anhang 3 Hochgeschwindigkeitsaufnahmen des Zugversuchs

Darstellung des Bruchvorgangs an Probekörpern der Hauptversuchsserie C und eines Probekörpers der Hauptversuchsserie D mit einer Bildwiederholrate von 13.000 Bildern/s

Tab. A.5: Übersicht Hochgeschwindigkeitsaufnahmen

Bildserie	**Probekörper**	**Prüfgeschwindigkeit in m/s**	**Dehnrate in s^{-1}**
1	C02	quasistatisch	$9{,}5 \cdot 10^{-5}$
2	C25	0,01	$1{,}0 \cdot 10^{-2}$
3	C43	0,10	$9{,}0 \cdot 10^{-2}$
4	C49	0,25	0,22
5	C55	0,50	0,48
6	C56	0,75	1,02
7	C61	2,0	14,6
8	D12	0,10	0,48

Bildserie 1, Probekörper C02, $\dot{\varepsilon} = 9{,}5 \cdot 10^{-5}\ s^{-1}$

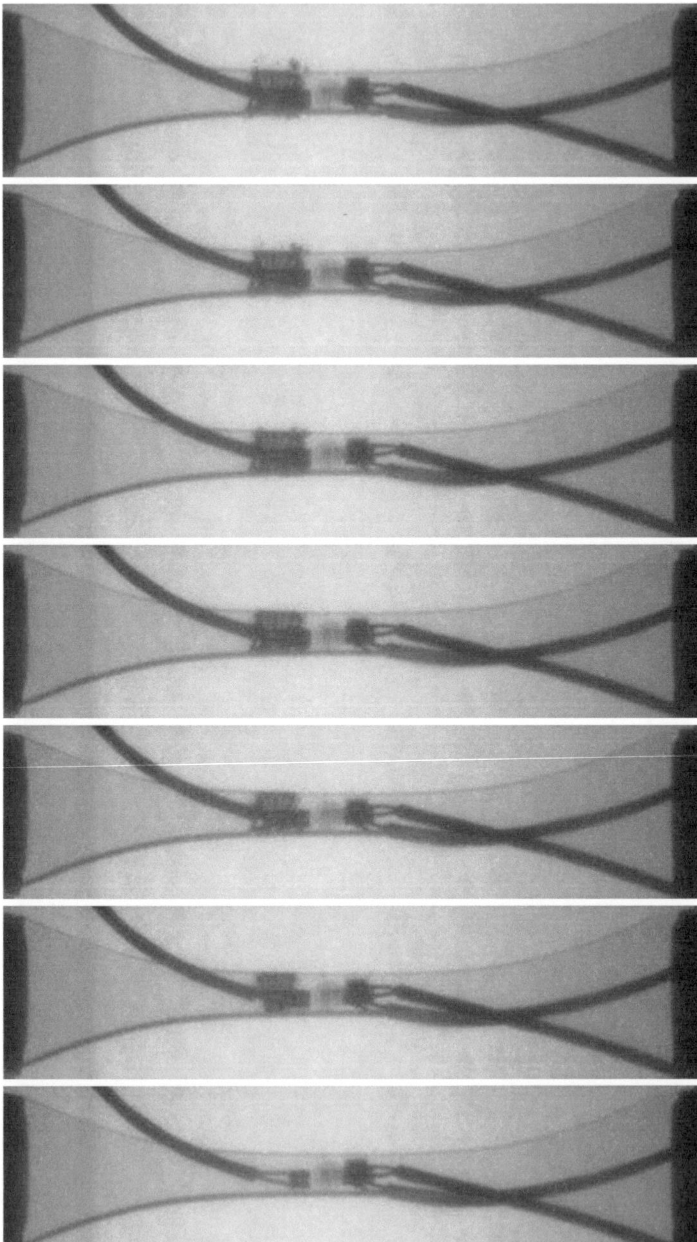

t = 0 | t = 77 µs | t = 154 µs | t = 308 µs | t = 539 µs | t = 847 µs | t = 1232 µs

Abb. A.2: Hochgeschwindigkeitsaufnahme des Probekörpers C02

Bildserie 2, Probekörper C25, $\dot{\varepsilon} = 1{,}0 \cdot 10^{-2}\ s^{-1}$

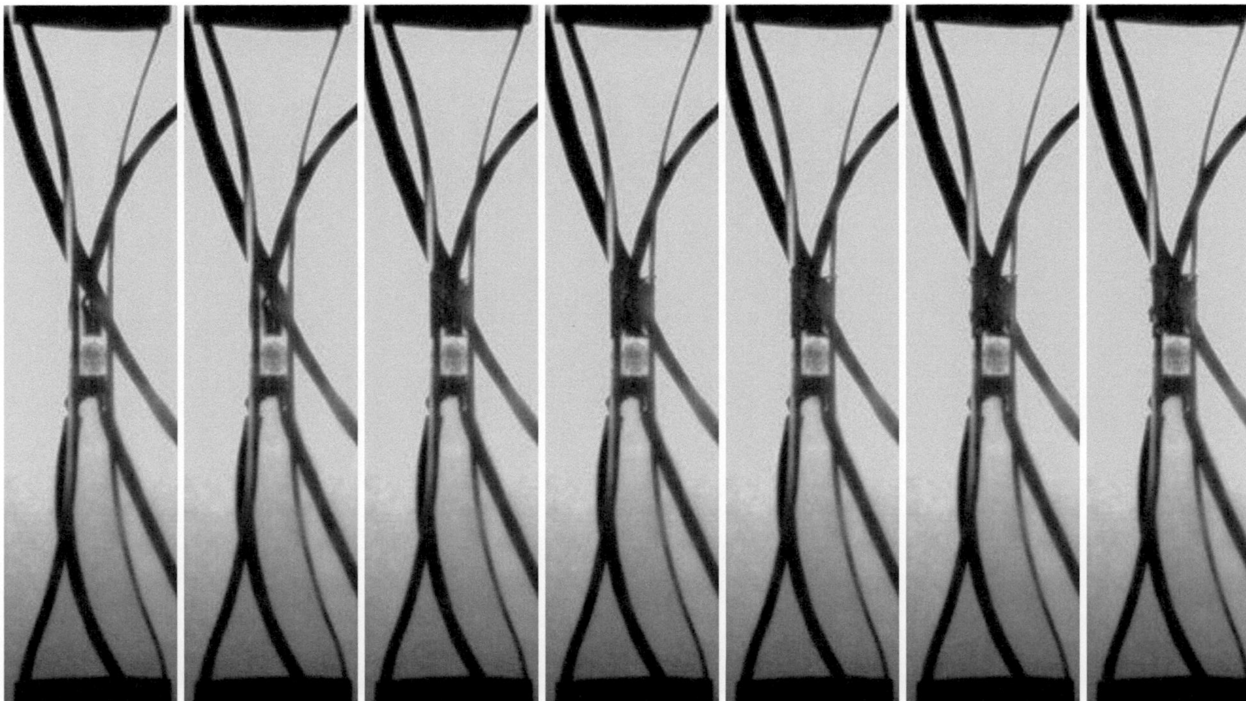

t = 0 | **t = 77 µs** | **t = 154 µs** | **t = 308 µs** | **t = 539 µs** | **t = 847 µs** | **t = 1232 µs**

Abb. A.3: Hochgeschwindigkeitsaufnahme des Probekörpers C25

Bildserie 3, Probekörper C43, $\dot{\varepsilon} = 9{,}0 \cdot 10^{-2}\,s^{-1}$

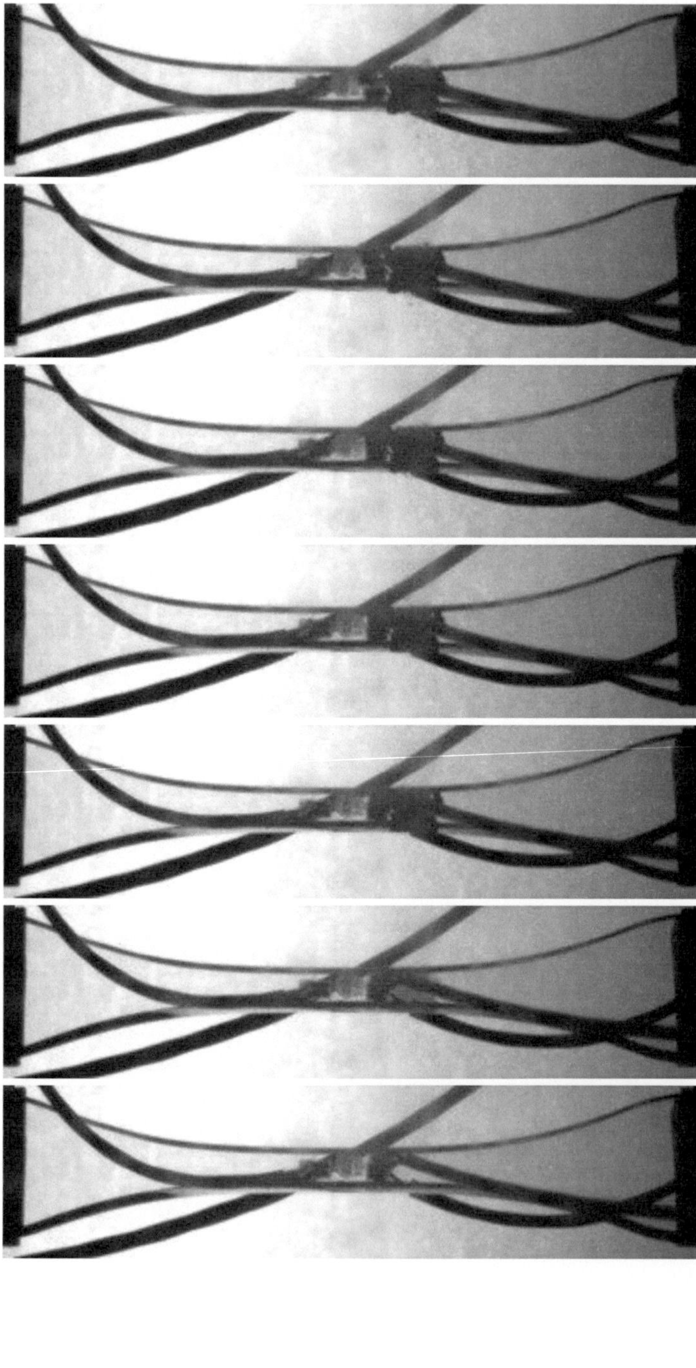

Abb. A.4: Hochgeschwindigkeitsaufnahme des Probekörpers C43

Bildserie 4, Probekörper C49, $\dot{\varepsilon}$ = 0,22 s^{-1}

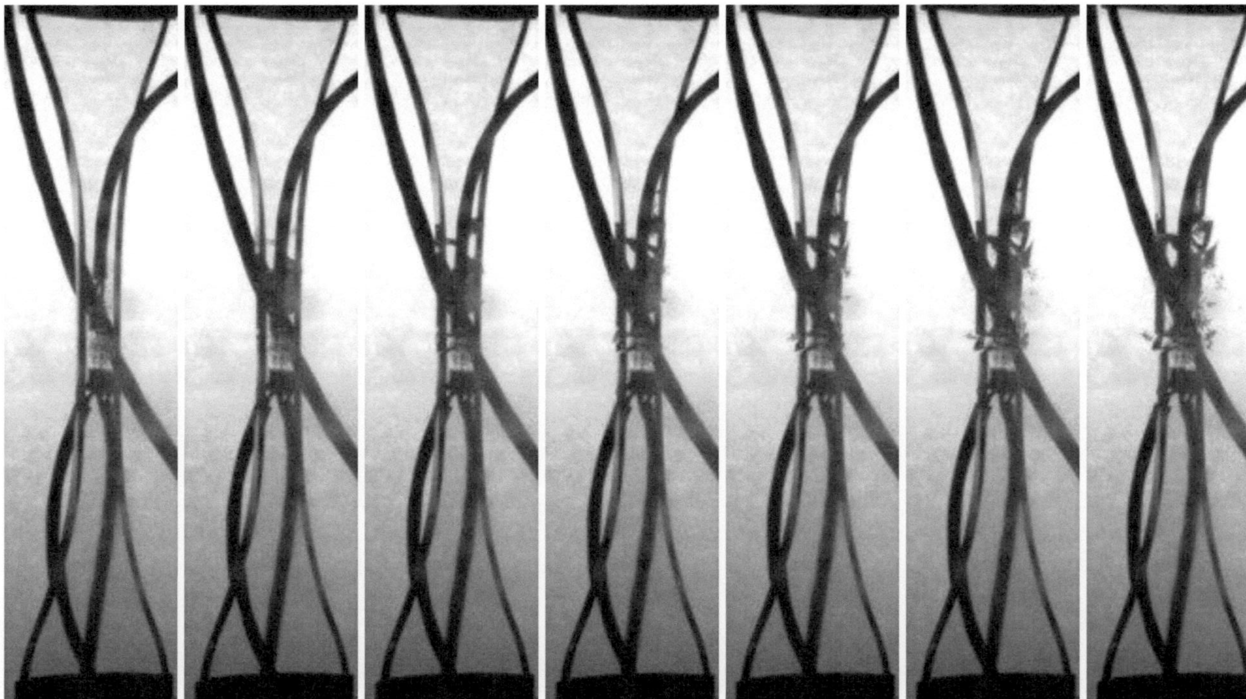

Abb. A.5: Hochgeschwindigkeitsaufnahme des Probekörpers C49

Bildserie 5, Probekörper C55, $\dot{\varepsilon} = 0,48\ s^{-1}$

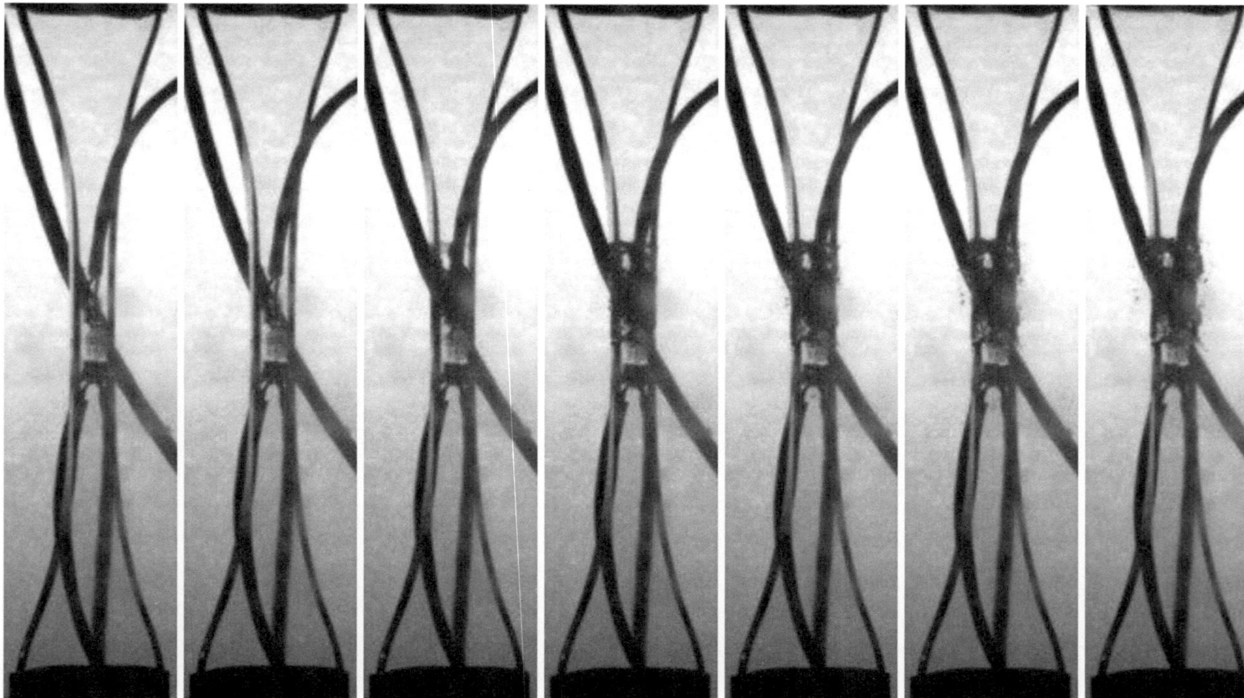

Abb. A.6: Hochgeschwindigkeitsaufnahme des Probekörpers C55

Bildserie 6, Probekörper C56, $\dot{\varepsilon}$ = 1,02 s^{-1}

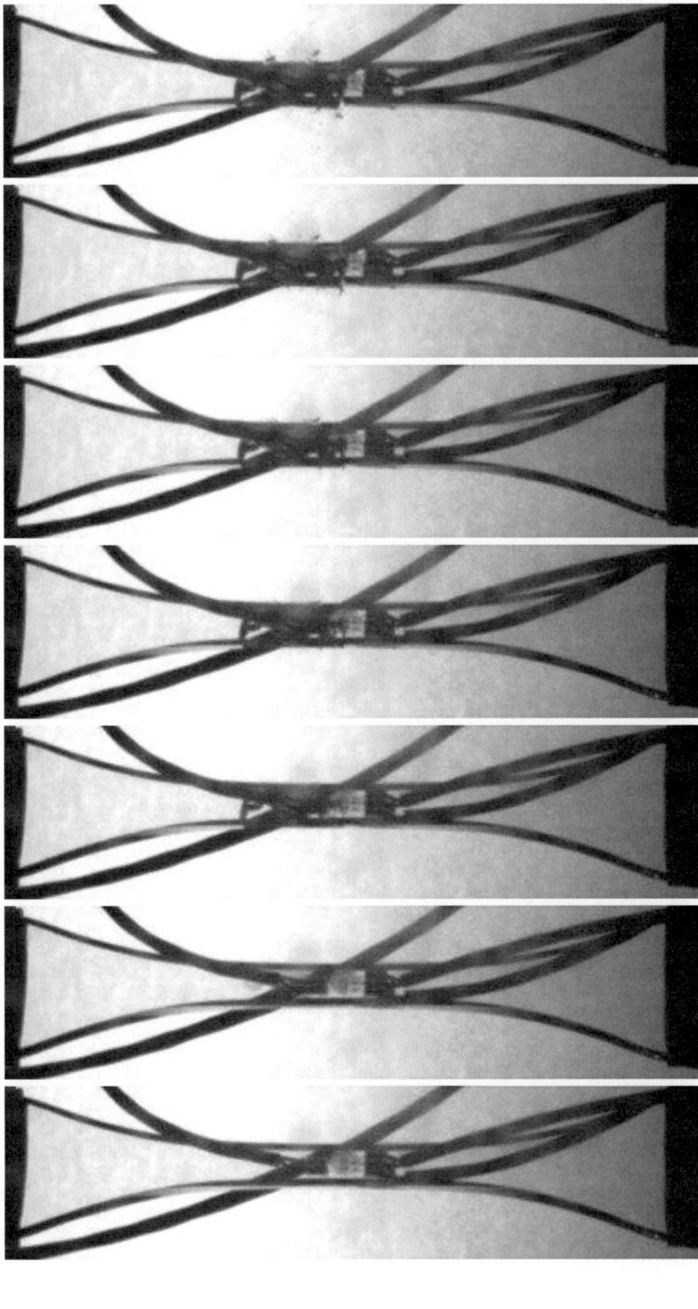

t = 0 t = 77 µs t = 154 µs t = 308 µs t = 539 µs t = 847 µs t = 1232 µs

Abb. A.7: Hochgeschwindigkeitsaufnahme des Probekörpers C56

Bildserie 7, Probekörper C61, $\dot{\varepsilon} = 14{,}6\ s^{-1}$

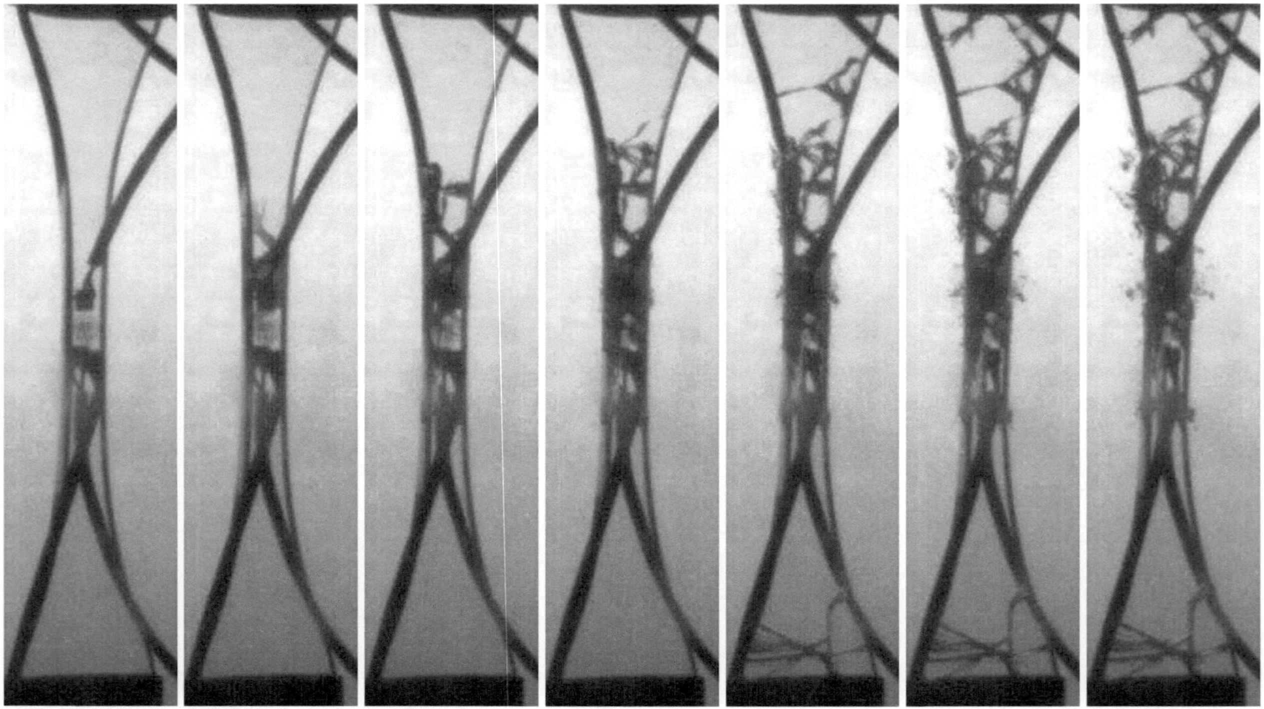

Abb. A.8: Hochgeschwindigkeitsaufnahme des Probekörpers C61

Bildserie 8, Probekörper D12, $\dot{\varepsilon} = 0{,}48\ s^{-1}$

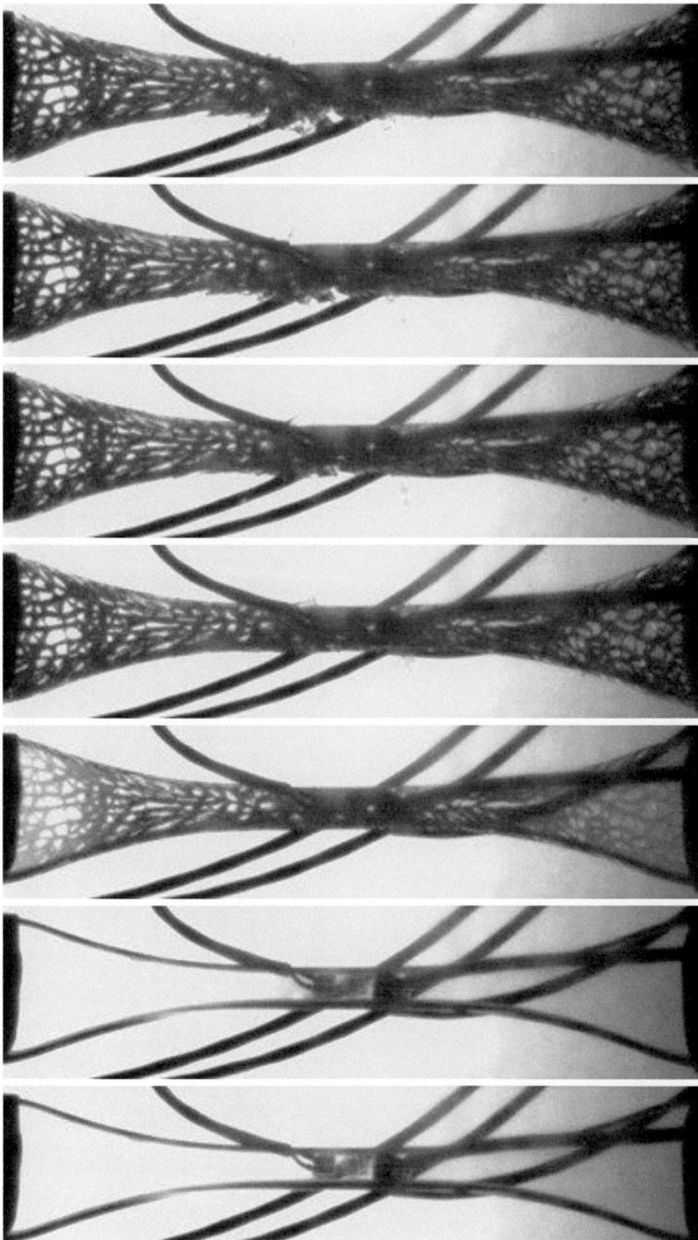

t = 0 | t = 77 µs | t = 154 µs | t = 308 µs | t = 539 µs | t = 847 µs | t = 1232 µs

Abb. A.9: Hochgeschwindigkeitsaufnahme des Probekörpers D12

Anhang 4 Vergleich gemessene und modellierte Spannungs-Dehnungs-Verläufe

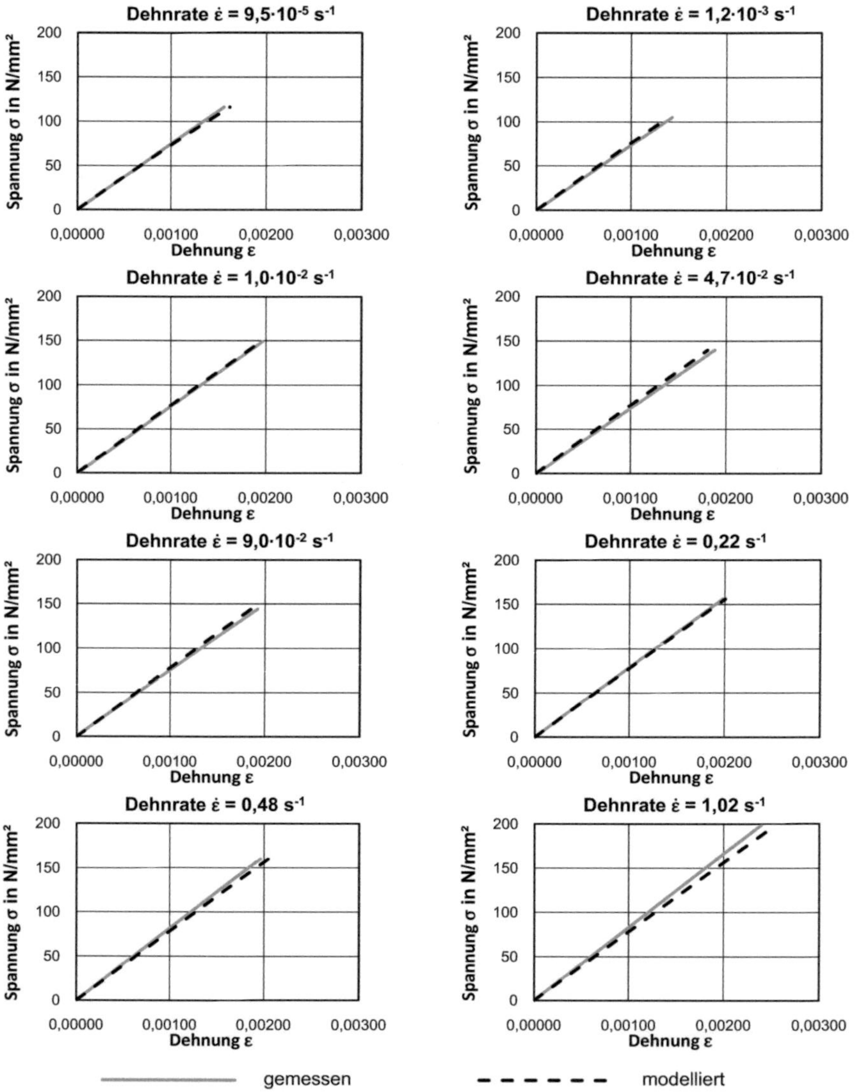

Abb. A.10: Vergleich Messwerte und Werkstoffmodell Variante 1

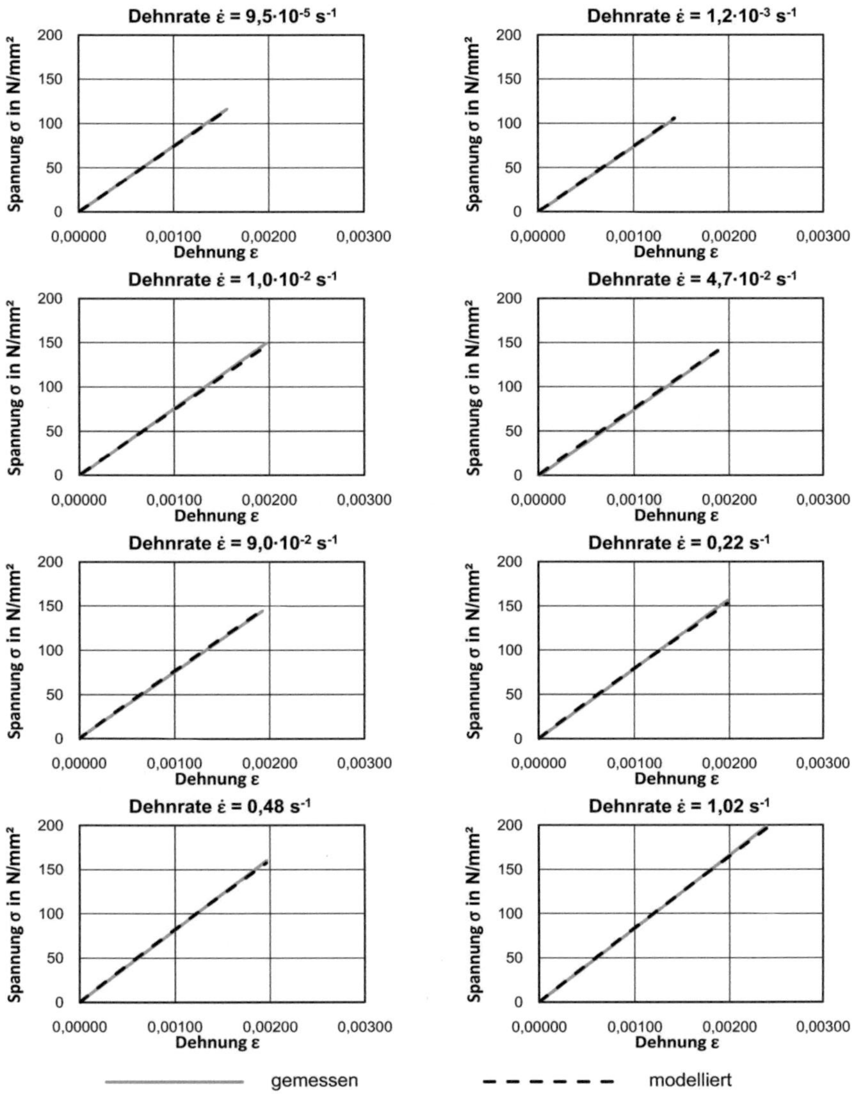

Abb. A.11: Vergleich Messwerte und Werkstoffmodell Variante 2

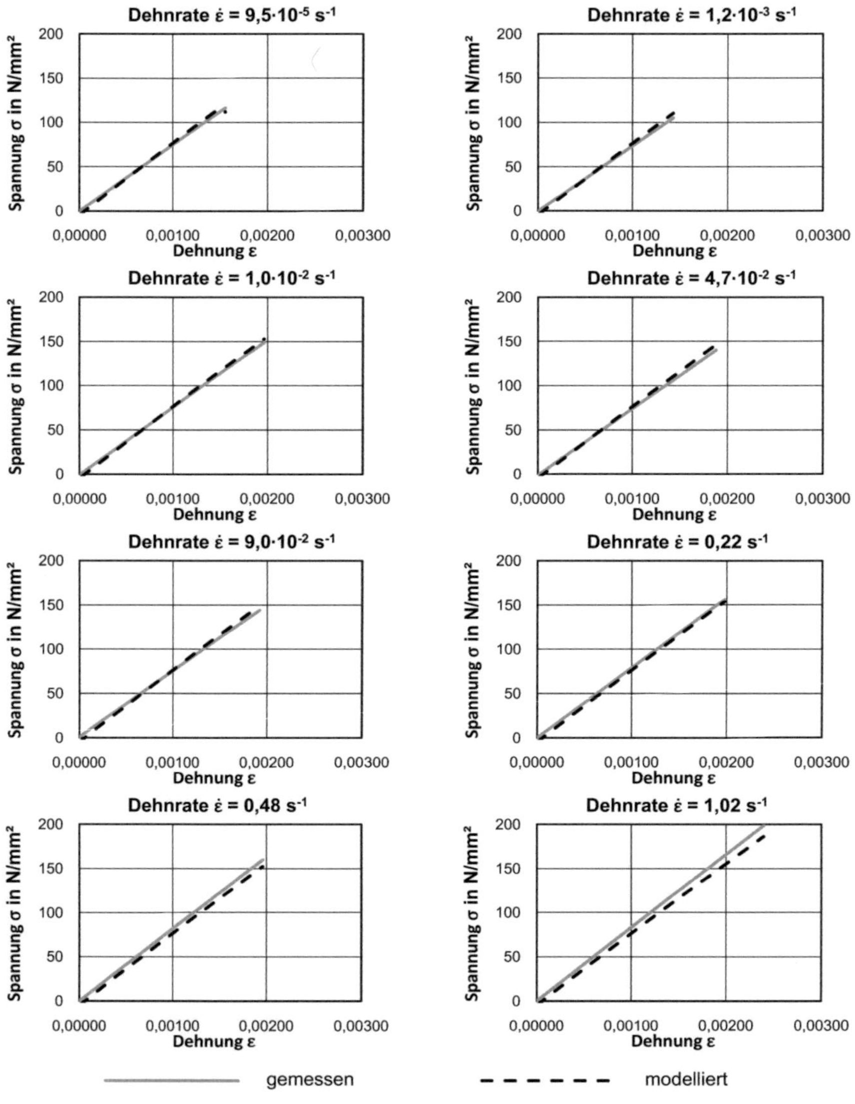

Abb. A.12: Vergleich Messwerte und Werkstoffmodell Variante 3

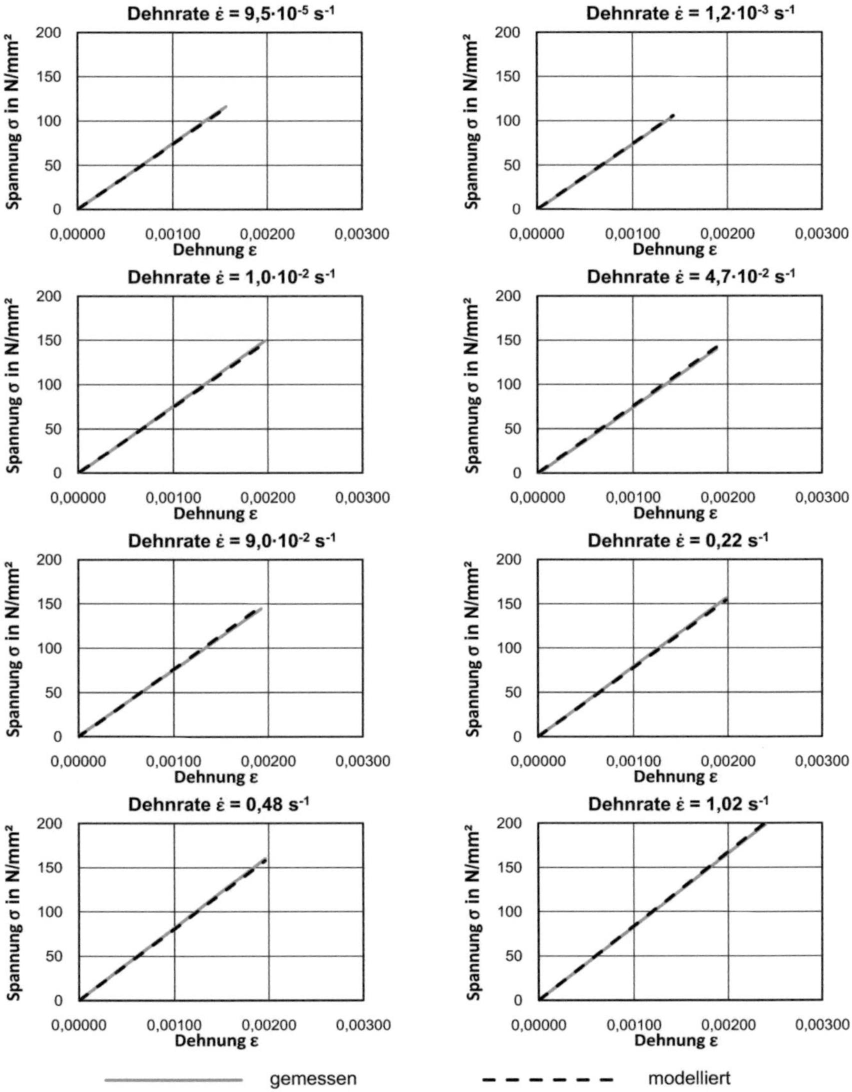

Abb. A.13: Vergleich Messwerte und Werkstoffmodell Variante 4

Anhang 5 Vergleich gemessene und simulierte Spannungs-Dehnungs-Verläufe

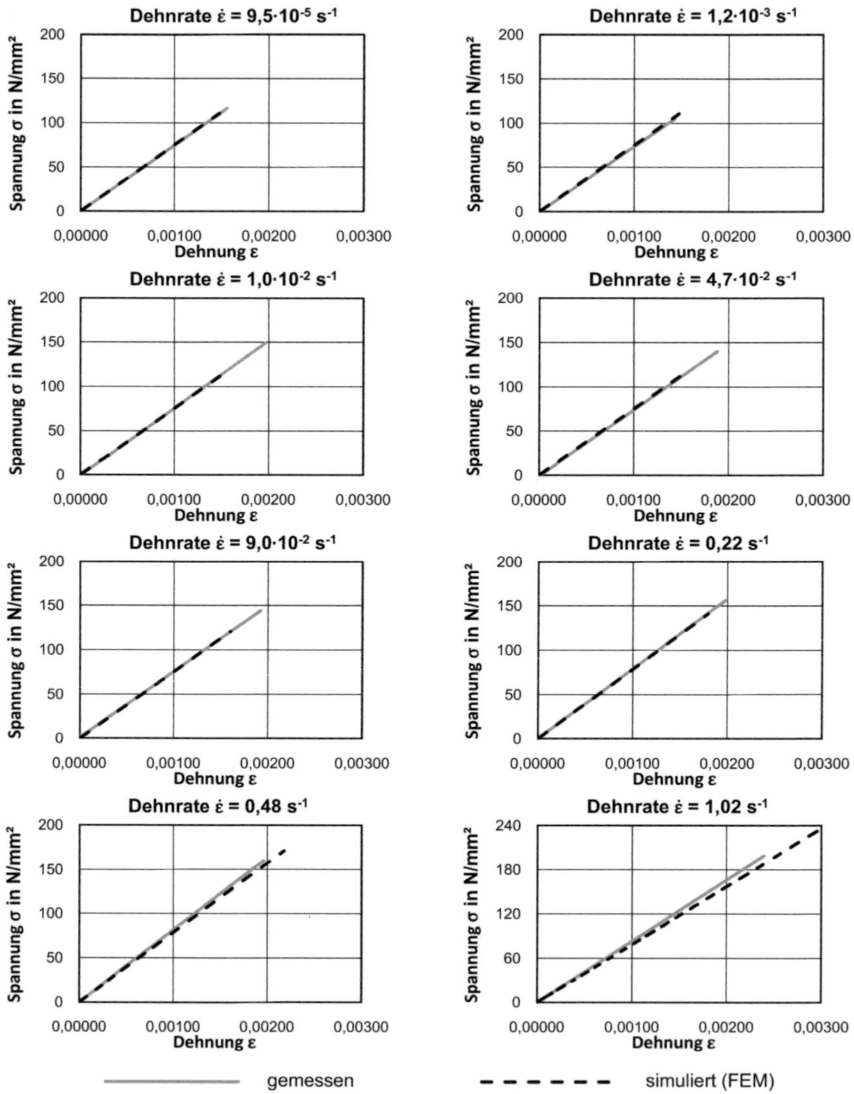

Abb. A.14: Vergleich Messwerte und Simulationsmodell (FEM)

Lebenslauf

Zur Person

Christian König
geboren am 6. November 1976 in Hildesheim
verheiratet, 2 Kinder

Werdegang

Aug. 1983 – Juli 1987	Grundschule Diekholzen
Aug. 1987 – Juli 1996	Gymnasium Andreanum, Hildesheim Abschluss: Abitur
Juli 1996 – Apr. 1997	Wehrdienst Pionierbataillon 1, Holzminden
Aug. 1997 – Juli 1999	Ausbildung zum Zimmerer Firma Thiemt GmbH, Bad Salzdetfurth
Okt. 1999 – März 2002	Studium des Bauingenieurwesens Gesamthochschule Kassel, Vordiplom
Apr. 2002 – Feb. 2005	Studium des Bauingenieurwesens Technische Universität Carolo-Wilhelmina zu Braunschweig Abschluss: Diplomingenieur
Juli 2004 – Sep. 2004	Auslandsstudium University of Colorado at Boulder, USA
März 2005 – Apr. 2006	Sachbearbeiter Zerna, Köpper & Partner Ingenieurgesellschaft für Bautechnik mbH, Niederlassung Köln
Mai 2006 – Sep. 2010	Wissenschaftlicher Mitarbeiter Institut für Bauwerkserhaltung und Tragwerk Technische Universität Carolo-Wilhelmina zu Braunschweig
Mai 2006 – Mai 2009	Freier Mitarbeiter in Nebentätigkeit Ingenieursozietät Peil, Ummenhofer und Partner, Braunschweig
Okt. 2009 – Apr. 2010	Lehrbeauftragter für die Lehrveranstaltung „Bauwerkserhaltung“ im Studiengang Bauingenieurwesen der TU Braunschweig
seit Sep. 2010	Verkaufsberater Segment Bau, nördliches Münsterland Hilti Deutschland AG, Kaufering